미래를 열어가는

탄소재료의 힘

과학나눔연구회 윤창주·정해상 편저

일진사

머리말

　이 책에서 다루는 탄소 재료는 다양한 형태와 구조를 지닌 탄소 원자만으로 구성되어 있는 고체 물질을 대상으로 한다.

　식물이나 플랑크톤은 물, 이산화탄소 및 태양에너지에 의해서 유기체로 성장한다. 이러한 유기체가 깊숙한 곳에 매몰되어 오랜 시간에 걸쳐 고온과 고압으로 변질된 결과 석탄, 석유, 천연가스 같은 화석 자원의 성분으로 축적된다.

　현재 문제시 되고 있는 지구 온난화 문제는 탄소 원자를 주성분으로 하는 자원을 에너지원으로 대량 사용하는 데서 나온 결과다. 또한 탄소원을 축적하는 능력을 가진 삼림을 분별없이 벌채하거나 파괴함으로써 이산화탄소가 갈수록 증가하기 때문이다.

　그러나 이 책에서 설명하는 탄소 재료를 사용한다면 이산화탄소로 인한 온난화 문제를 해결하는 데 큰 도움이 될 것이다. 그러한 의미에서 탄소 재료는 에너지와 환경 문제를 생각할 때 핵심 재료라고 할 수 있다.

　투명하고 영롱한 빛을 내는 다이아몬드도 사실은 탄소 동소체 덩어리이다. 그렇지만 보통 우리 눈에 보이는 탄소 재료는 새까맣고 손으로 만지면 가루가 손에 묻어 달갑지 않은 존재라는 이미지가 강하다. 그러나 이 탄소 재료는 일상생활에서부터 산업에 이르는 많은 분야에서 중요한 역할을 담당하여 왔다. 앞으로도 미래 첨단 기술의 발달을 뒷받침할 중요한 재료 중 하나이다.

우리 주변에서 탄소 재료의 응용 예를 찾아보면 연필심에서부터 복사기의 토너와 프린트의 잉크, 모터의 브러시와 지하철의 팬터그래프, 자동차의 타이어, 정수기의 흡착제 등 무수히 많이 있다. 또한 알루미늄 제련과 반도체 공업 등에서도 중요 부재로 사용되고 있다.

유사 이전부터 주요 에너지원이였던 목탄의 구성 성분인 탄소는 코크스나 활성탄 또는 탄소 섬유로 모습과 형체를 달리하면서 그때마다 주목을 받으며 인간 사회의 발전에 공헌하여 왔다. 그것이 이제 풀러렌, 탄소 나노튜브 및 그래핀의 출현으로 일약 21세기의 총아가 될 전망이어서 큰 기대가 모아지고 있다. 20세기 후반 풀러렌을, 21세기 초에 그래핀을 발견한 과학자들에게 노벨상까지 수여한 것을 보아도 짐작이 간다.

이처럼 고체로서의 탄소 재료는 오직 한 종류의 원소로만 구성되어 있음에도 불구하고 다른 원소와는 다르게 다양한 형태로 변신할 수 있는 천의 얼굴을 지닌 물질이다.

이 책은 이러한 탄소의 불가사의에 대하여 이제까지 밝혀진 사실을 중학생이나 고교생 정도의 과학 지식만 가지고도 능히 이해할 수 있도록 기술하였다.

많은 독자들이 이 책을 읽음으로써 탄소 재료를 이해하고, 또 흥미를 느끼게 된다면 그것만으로도 편저자는 큰 보람이라 생각한다.

편저자 일동

contents

제2부   첨단 기술을 열어 가는 탄소 재료

탄소 재료란 무엇인가?

탄소 재료 개론

1.1. 프롤로그

탄소 재료는 우리 생활 속에 비교적 많이 들어와 있다. 관심을 가지고 살펴보지 않으면 느낄 수 없는 재료이다. 옛날부터 우리들의 생활과 산업에 없어서는 안 되는 재료였고, 그 시대마다 첨단 기술과 깊은 관련이 있었다.

나노 기술 공학 시대로 접어든 오늘에 와서 가장 주목되는 재료는 탄소 섬유, 탄소 나노튜브와 2010년 노벨 물리학상을 받은 그래핀이다.

이 장에서는 탄소 재료의 간략한 역사를 되돌아보면서, 이 책에서 다루려는 내용을 개관하고자 한다.

〈표 1-1〉 이 책에서 사용되는 단위

단위	단위의 뜻
nm	길이 단위, 1nm(나노미터)는 10억 분의 1m
μm	길이 단위, 1μm(마이크로미터)는 100만 분의 1m
mL	부피 단위, 1mL(밀리리터)는 1,000분의 1L이고 1cc와 같다.
μg	질량 단위, 1μg(마이크로그램)은 100만 분의 1g
Nm^3	부피 단위, 1Nm^{3}는 1기압, 0℃의 표준 상태에서의 기체 1m^{3}의 부피
wt%	무게 백분율
ppm	농도, 존재비 등을 나타내는 단위, 100만 분의 1을 뜻한다. part per million의 약자

MPa	압력 단위, 1MPa(메가파스칼)은 100만 Pa(파스칼)이며 10기압이다. 1kPa(킬로파스칼)은 0.01기압과 거의 같다.
mol	물질의 양을 입자의 개수에 바탕하여 나타낸 단위, 아보가드로수(6.92 ×10²³)의 원자, 분자, 이온 등의 입자의 집단을 1mol(몰)로 한다. 예를 들면, 수소 원자 1mol의 질량은 거의 1g이 된다. 1mmol(밀리몰) 1,000분의 1mol
K, ℃	온도 단위, K는 절대 온도 단위로서 273.15K가 0℃이다.
kJ, kcal	에너지 단위, J(줄) 및 cal(칼로리)의 1,000배, 1J은 약 0.23cal이다.
W	작업률 단위, 1W(와트)는 1초간에 1J(줄)의 일을 하는 작업률
Wh	에너지 단위. 1Wh(와트시)는 3.6kJ와 같다.
W/mK	열전도율 단위. 열전도율은 단위 온도 기울기 아래서 물질을 통과하고 있는 열에너지를 시간과 단면적으로 나눈 것으로, 물질 고유의 성질이다.
Ω m	전기 저항률 단위. 전기 저항률은 전기 저항(Ω)에 도체의 단면적을 곱하고 그 길이로 나눔으로써 구하며, 개개의 도체에 고유한 성질이다.
C	전기량 단위. 1C(쿨롱)은 1A(암페어)의 전류가 1초간에 운반하는 전기량
mAh	1,000분의 1Ah(암페어시), Ah도 C(쿨롱)과 마찬가지로 전기량 단위로, 1Ah는 3,600C
F	정전 용량 단위. 1F(패럿)은 1C(쿨롱)의 전기량을 충전하였을 때에 양극 간에 1V(볼트)의 전위차를 발생하는 콘덴서의 정전 용량
kgf	힘의 단위, 1kgf(중량킬로그램)은 9.806N(뉴턴)
N	힘의 단위, 1N(뉴턴)은 질량 1kg의 물체에 작용하여 1m/s²의 가속도를 주는 힘이다. 1N=10⁵dyn(다인)

1.2. 숯의 힘

탄소 재료는 별로 두드러져 보이지는 않으나 우리 생활 구석구석에 여러 가지 형태로 사용되고 있다.

평소 아무 생각 없이 사용하고 있는 연필심도 분명 탄소 재료라는 것을 잊고 있다. 굵기가 불과 0.5mm에 지나지 않는 가느다란 샤프 펜슬의 심도 잘 부러지지 않고 견디는 것을 보면 신기하게 느껴지기도 한다.

인간은 나무를 연료로 사용하기 시작한 후 얼마 지나지 않아 숯도 사용하게 되었을 것으로 생각한다. 원시인에게는 가볍고 연기가 나지 않으며 불씨로도 간직하기 쉬운 숯은 훌륭한 에너지원이었을 것이다. 또 공기를 세게 불어 넣어 주면 매우 고온이 된다는 것을 알게 되면서, 광석을 녹여 금속을 만드는 제련에도 숯을 사용할 줄 아는 기술을 터득하기 시작했다.

18세기 영국에서는 철광석을 녹여 철을 만들기 위해 많은 양의 숯을 환원제로 사용했다. 따라서 연간 수천 헥타르의 삼림이 벌채되어야 했다. 오늘날의 표현으로 하면 환경을 무척이나 파괴했다. 하지만 아이러니하게도 이 환경 파괴가 결과적으로는 석탄 이용 기술 개발을 촉진하여 산업 혁명을 일으킨 요인이 되었다.

숯은 우리나라에서도 비교적 최근까지 연료로 사용되었다. 현재도 브라질에서는 연간 800만 톤의 숯을 제철 사업에 사용한다. 그러나 전체적으로 보면 이제 숯은 서서히 뒷전으로 밀려나고, 석탄과 코크스가 그 자리를 대체하고 있다.

기원전 150년에 만들어진 중국의 마왕퇴(馬王堆) 1호분을 발굴했을 때, 그곳에서 목곽(관을 넣는 외함) 둘레에 두께 40~50cm, 전체 양으로 치면 5톤 분량이나 되는 숯이 빈틈없이 채워져 있었던 것을 발견했다. 관 속 주인공은 50대 여성으로 마치 살아 있는 것 같은 모습이었다. 1,000여 점에 이르는 부장품도 놀라울 만큼 신선했다고 한다.

에너지원으로 사용된 숯이 방부제와 제습용으로 사용된 것을 보면, 아득한 옛날부터 숯이 에너지원과는 다른 작용도 한다는 것을 알고 있었던 것으로 여겨진다.

이와 같은 숯의 작용은 그 표면에서 나온다. 원료인 나무의 구조를 이어받은 숯은 많은 구멍과 큰 표면적을 지닌다. 그 넓은 표면이 유독 가스를 흡착하기도 하고 수분을 흡·탈착하여 습도를 조절하는 기능이 있어 유적을 양호한 상태로 보존하였을 것으로 생각한다.

이것이 오늘날 활성탄의 기원이 되었다. 현재 활성탄은 담배 필터, 방독면, 발전소 배기가스 등의 처리뿐 아니라, 수돗물과 하수 정화 등에도 대량으로 사용되고 있다.

최근에는 활성탄의 미세 구멍 구조에 주목하면서 메탄가스와 수소가스를 고밀도로 저장할 수 있는 매체로서 그 이용 방법을 개발 중에 있다. 특히 그 가벼움과 미세 구멍 구조를 십분 활용하여 자동차 등에 사용할 수소와 같은 에너지원을 저장하는 매체에 대한 개발 연구가 활발하게 진행되고 있다. 이에 관해서는 제2부 1.2절에서 자세히 설명한다.

옛날부터 사용한 탄소 재료를 든다면 먹과 안료로 사용한 그을음을 빼놓을 수 없다. 그을음은 기름을 태웠을 때에 발생하는 입자가 매우 고은 숯가루이다.

중국에서는 그을음을 응고시켜 먹을 만든 역사가 매우 길다. 인쇄 기술이 개발된 후에는 그을음은 검은색 잉크를 만드는 데 반드시 필요한 원료가 되었다. 현재도 크레오소트유(creosote oil) 등을 불완전하게 연소시켜 그곳에서 나오는 그을음으로 카본 블랙(carbon black)을 대량 제조하고 있다.

자동차의 고무 타이어가 검은 이유는 카본 블랙이 첨가되어 있기 때문이다. 타이어의 강도와 내구성 향상에도 카본 블랙의 첨가는 필수적이다.

우리들은 생활 주변에서 많은 플라스틱 제품이 사용되고 있는 것을 볼 수 있다. 이 플라스틱 중에는 검은색의 것도 있는데, 이들은 모두 카본 블랙에 의한 것이라고 해도 틀림이 없다.

일반적으로 가장 아름다운 검정으로 까마귀의 젖은 날개를 꼽는데, 카본 블랙에 의한 검정도 그 짙음과 광택, 풍미가 아주 빼어나다.

지금까지 설명한 숯과 그을음의 역사를 통해 우리는 탄소 재료가 가지고 있는 하나의 특징을 찾아볼 수 있다. 바로 아득한 옛날에 출현한 숯과 그을음이 시대의 요구에 따라 다양한 성질을 발현하고 여러 가지 방법으로 사용되면서 현재까지도 그 쓰임새를 계속 이어 가고 있다는 점이다.

오래된 것이면서도 새로운 탄소 재료란 말은 바로 숯과 그을음을 두고 한 말일 것이다.

1.3. 21세기를 뒷받침하는 재료

새로운 탄소 재료가 끊임없이 출현하고 있다. 이 새로운 재료로부터 새로운 성질과 기능이 발현됨으로써 새로운 응용 분야가 개척되고 있다. 신구의 다양한 탄소 재료가 어울려 현대 산업 속에서 특이하고 중요한 산업 재료로서의 자리를 확보하고 있다.

탄소 재료의 여러 면을 개관해 보기로 한다.

재료의 관점에서 보면, 20세기 후를 다시 철의 시대라고 할 수 있다. 철을 만들려면 탄소 재료는 반드시 필요하다. 그렇기 때문에 탄소 재료는 20세기 후를 밑바탕에서부터 뒷받침하는 재료라고 하지 않을 수 없다.

철을 만드는 방법은 크게 두 가지로 나눈다. 하나는 큰 용광로 속에 철광석과 코크스를 겹쳐 쌓은 다음 코크스를 태우면서 철광석을 환원하는 고로(shaft furnace)법이다. 다른 하나는 큰 가마에 넣은 고철과 인조 흑연 전극 사이에 대전류를 흘려서 불꽃(아크)을 날림으로써 고철을 용해·재생하는 전로(電爐)법이다.

우리나라에서는 대부분 고로법으로 철을 만들고 있지만, 어느 방법으로 철을 만들든 탄소 재료가 중요한 역할을 담당하고 있다. 특히 후자의 흑연 전극에 있어서는 전기가 잘 흐르고 쇠를 녹일 정도의 고온에서도 충분한 기계적 강도를 유지해야 하므로 탄소 재료의 장점이 유감없이 발휘되고 있다.

탄소봉을 사용한 아크등도 원리는 전로법과 마찬가지이다. 약간 떨어지게 놓은 두 탄소봉 사이에 전압을 가하면 아크가 발생하고, 고온과 더불어 강한 빛이 발생한다. 이 강한 빛은 일반 조명이 아크 방전에서 전등으로 대치된 뒤에도 영화관 등에서 오랫동안 사용되었다.

쉽게 볼 수 있는 탄소 재료 사용 예로는 전지의 전극을 들 수 있다. 전기도 흐르고 화학적으로도 안정한 탄소 재료의 성질을 활용하고 있다. 19세기 말에 르클랑셰(Georges Leclanche)가 건전지 실용화에 성공한 것은 탄소봉을 양극으로 사용할 수 있었기 때문이었다.

전지도 그 후 큰 발전을 했다. 최근에는 휴대용 전기 기기의 발달로 가볍고 충전 용량이 큰 전지가 반드시 필요하게 되었다. 그래서 개발된 것이 리튬 이온 전지이다. 이 전지의 성능을 좌우하는 것은 음극재로 사용하는 탄소 재료이다. 이에 관해서는 제2부 1.1절에서 자세하게 설명한다.

모터와 발전기 브러시 등의 회전체 혹은 전차의 팬터그래프(pantograph; 집전기) 같은 이동체와의 통전(通電)에도 탄소 재료가 사용된다.

브러시의 재료로는 구리 등의 금속 재료를 사용할 수도 있지만, 슬라이딩(접동성)이 좋지 않을 뿐 아니라 불꽃으로 인하여 고온이 되기 때문에 녹아 버릴 수도 있다. 슬라이딩성이 좋고 전기를 잘 통하며 고온에도 견디는 탄소 재료는 브러시로 사용하기에 안성맞춤의 재료이다.

에너지 이용 형태로 볼 때 전력이 가장 우수한 에너지이다. 그러므로 에너지 소비 측면에서 전력은 가장 큰 비중을 차지하고 있고 또 착실하게 증가세를 보이고 있다.

우리나라는 전력의 상당 부분을 원자력에 의존하고 있다. 원자력 발전에서는 고밀도 등방성(等方性) 탄소 재료가 대량 사용되고 있으며, 우라늄 연료의 피복, 그것을 채워 넣는 연료봉도 대부분 탄소 재료로 만들고 있다.

연구 개발이 추진되고 있는 차세대 원자력 발전은 물 대신 헬륨 가스를 열매체로 사용하는 고온 가스로이다. 이 가스로에서는 우라늄 연료를 수납한 지름 36cm, 길이 58cm의 큰 흑연 블록과 중성자를 감속하기 위한 탄소 재료가 250톤이나 사용된다.

원자력 다음의 에너지로 기대되고 있는 핵융합로에서는 초고온 상태의 플라스마를 가두어 놓아야 한다. 탄소 재료는 이 가혹한 조건에 견디는 하나의 유력한 후보 재료로 지목되고 있다. 숯을 연료로 쓰기 시작한 무렵부터 핵융합을 사용하는 미래에 이르기까지 탄소 재료는 에너지와는 끊을 수 없는 관계에 있다.

탄소 섬유는 금세기에 발명된 여러 재료 중에서 매우 중요한 발명품의 하나이다. 탄소 섬유와 플라스틱을 혼합한 탄소 섬유 강화 플라스틱과 탄소 섬유 성형물에 피치나 수지를 함침(含浸) · 탄소화하여 만드는 탄소/탄소 복합재는 가볍고 강하며 3,000℃ 이상의 고온에서도 견디기 때문에 항공기, 우주 왕복선 및 미사일 등에 사용된다. 첨단 분야에서의 탄소 재료 이용은 앞으로 더욱 늘어날 것으로 전망된다.

1.4. 새로운 탄소 동소체의 등장

1996년 탄소 원자 60개로만 이루어진 지름 1나노미터(nm; 10억분의 1m)의 축구공 모양으로 생긴 풀러렌(fullerene)이 발견되고, 발견자에게 1996년 노벨 화학상을 수여했다.

그때까지 탄소 재료의 기본 구조는 탄소 원자로 구성된 다이아몬드와 편평한 6각형 망면(網面)을 지닌 흑연이었다. 탄소로만 구성되어 있는 공 모양으로 된 분자가 안정하게 존재한다는 사실은 탄소를 연구하는 사람에게 강한 충격을 주었다.

그 후 풀러렌과 동족인 탄소 나노튜브도 발견되었다. 풀러렌과 나노튜브의 흥미로운 성질이 잇따라 이론적으로 예측됨으로써 이 분야는 일거에 활기를 띠기 시작했다. 그와 더불어 응용 연구도 가속되면서 지금도 활발하게 진행되고 있다.

그중 세공(細孔) 구조를 이용한 수소 저장재와 우수한 전자 방출 특성을 활용한 평판 액정 표시 장치로의 이용은 주목을 받고 있다(제2부 1.2절과 4.3절 참조).

고대로부터 지금까지 탄소 재료가 시대적 요청에 잘 부응하면서 다양한 분야에서 사용된 이유는, 탄소 재료의 성질이 다양하고 구조도 변화무쌍하기 때문이다.

오직 한 종류의 원소만으로 구성되었으면서도 탄소 재료는 왜 다양한 구조를 취할 수 있는 것일까? 이 의문에 대한 해명이야말로 '탄소 재료의 재주'를 아는 열쇠가 된다.

그러므로 다음 2장에서는 이용의 근원이 되는 구조와 조직의 다양성에 대하여 설명한다.

그리고 3장에서는 그러한 구조와 조직을 어떻게 설계하여 원하는 성질을 발휘하게 하는가, 그 성질에 의해서 어떠한 탄소 재료가 만들어지고, 그것을 어디에 사용하는가를 소개한다.

제2부 1장에서는 많은 탄소 재료 중에서 최근 특히 주목받고 있는 몇 가지 재료를 다루기로 한다. 앞서 설명한 리튬 이온 전지, 수소 흡장재와 평판 액정 표시 장치 외에도 환경 분야에서 활용되는 탄소 재료도 소개한다.

2장에서는 환경 분야에서 활약하는 탄소 재료를 다루고, 3장에서는 풀러렌, 4장에서는 탄소 나노튜브, 5장에서는 2010년 노벨 물리학상을 받은 그래핀, 6장에서는 탄소 섬유를 다루면서 그들의 다양한 성질 및 응용 가능성을 살펴본다.

마지막으로 7장에서는 탄소 재료의 미래를 전망해 본다.

다양한 구조와 조직

탄소 재료는 기본적으로 탄소라고 하는 한 가지 종류의 원소로 구성되어 있으면서도 다양한 구조와 조직을 가지고, 그 구조와 조직을 바탕으로 다양한 성질을 나타낸다.

탄소 재료의 다양한 성질을 이해하기 위해 우선 구조와 조직을 살펴본다.

2.1. 탄소 원자의 세 가지 얼굴

〈그림 2-1〉의 주기율표를 보면 탄소는 원자 번호가 6인 원소이다. 탄소는 같은 원소만으로 실용이 가능한 재료를 만들 수 있는 원소 중에서 가장 가벼운 원소이다. 주기율표에서 세로줄 원소 사이의 관계를 족(族; family)이라고 하는데, 이들 족에 들어 있는 원소는 서로 비슷한 성질을 나타낸다.

탄소 원자는 탄소 및 다른 원소와 결합에 사용할 수 있는 전자를 4개 가지고 있다. 탄소 원자가 결합에 참여할 때 전자 배치에는 3가지 유형이 있다.

첫 번째 유형은, 4개의 전자가 모두 동일하며 되도록 서로 멀리 떨어진 곳에 위치하는 배치이다. 이러한 전자 상태를 sp^3 혼성 궤도 함수로 설명하며, 이런 유형의 탄소 원자를 sp^3 탄소 원자라고 한다.

2개의 탄소 원자가 각각 1개의 전자를 내어 두 개의 전자를 서로 공유하면 단일 결합 즉 시그마(σ) 결합을 만든다. 이러한 결합을 공유 결합(covalent bond)이라고 한다.

족 / 주기	1A	2A	3A	4A	5A	6A	7A	8			1B	2B	3B	4B	5B	6B	7B	0	족 / 주기
	알칼리 금속원소	알칼리 토금속원소						철족 원소(위 3개) 백금족 원소(아래 6개)			구리족원소	아연족원소	붕소족원소	탄소족원소	질소족원소	산소족원소	할로겐족 원소	비활성기체	
1	1,00797 1 H 1 수소																	4,0026 0 He 2 헬륨	1
2	6,939 1 Li 3 리튬	9,0122 2 Be 4 베릴륨											10,811 3 B 5 붕소	12,01115 2 ±4 C 6 탄소	14,0067 ±3 5 N 7 질소	15,9994 −2 O 8 산소	18,9984 −1 F 9 플루오르	20,179 0 Ne 10 네온	2
3	22,9898 1 Na 11 나트륨	24,312 2 Mg 12 마그네슘											26,9815 3 Al 13 알루미늄	28,086 4 Si 14 규소	30,9738 ±3 5 P 15 인	32,064 −2 4 6 S 16 황	35,453 −1 3 5 7 Cl 17 염소	39,948 0 Ar 18 아르곤	3
4	39,098 1 K 19 칼륨	40,08 2 Ca 20 칼슘	44,956 3 Sc 21 스칸듐	47,9 3 4 Ti 22 티탄	50,942 3 5 V 23 바나듐	51,996 2 3 6 Cr 24 크롬	54,9380 2 3 4 6 7 Mn 25 망간	55,847 2 3 Fe 26 철	58,9332 2 3 Co 27 코발트	58,7 2 3 Ni 28 니켈	63,546 1 2 Cu 29 구리	65,38 2 Zn 30 아연	69,72 2 3 Ga 31 갈륨	72,59 4 Ge 32 게르마늄	74,9216 ±3 5 As 33 비소	78,96 −2 4 6 Se 34 셀렌	79,904 −1 3 5 7 Br 35 브롬	83,8 0 Kr 36 크립톤	4
5	85,47 1 Rb 37 루비듐	87,62 2 Sr 38 스트론튬	88,905 3 Y 39 이트륨	91,22 4 Zr 40 지르코늄	92,906 3 5 Nb 41 니오브	95,94 3 4 6 Mo 42 몰리브덴	[97] 6 7 Tc 43 테크네튬	101,07 3 4 6 8 Ru 44 루테늄	102,905 3 Rh 45 로듐	106,4 2 4 6 Pd 46 팔라듐	107,868 1 Ag 47 은	112,40 2 Cd 48 카드뮴	114,82 3 In 49 인듐	118,69 2 4 Sn 50 주석	121,75 3 5 Sb 51 안티몬	127,6 −2 4 6 Te 52 텔루르	126,9044 −1 3 5 7 I 53 요오드	131,3 0 Xe 54 크세논	5
6	132,905 1 Cs 55 세슘	137,34 2 Ba 56 바륨	⊙ 란탄 계열 57~71	178,49 4 Hf 72 하프늄	180,948 5 Ta 73 탄탈	183,85 6 W 74 텅스텐	186,2 1 4 7 Re 75 레늄	190,2 2 3 4 8 Os 76 오스뮴	192,2 3 4 Ir 77 이리듐	195,09 2 4 Pt 78 백금	196,967 1 3 Au 79 금	200,59 1 2 Hg 80 수은	204,37 1 3 Tl 81 탈륨	207,19 2 4 Pb 82 납	208,980 3 5 Bi 83 비스무트	[209] 2 4 Po 84 폴로늄	[210] 1 3 5 7 At 85 아스타틴	[222] 0 Rn 86 라돈	6
7	[223] 1 Fr 87 프랑슘	[226] 2 Ra 88 라듐	◈ 악티늄 계열 89~																

■ 양쪽성 원소
■ 금속 원소
■ 비금속 원소
□ 전이원소, 나머지는 전형원소

[ ] 안의 원자량은 가장 안전한 동위체의 질량수

원자량 → 55,847 2 ← 원자가
원소기호 → Fe 3 ← 고딕글자는 보다 안정한 원자가
원자번호 → 26
원소명 → 철

⊙ 란탄 계열	138,91 3 La 57 란탄	140,12 3 4 Ce 58 세륨	140,907 3 Pr 59 프라세오디뮴	144,24 3 Nd 60 네오디뮴	[145] 3 Pm 61 프로메튬	150,35 2 3 Sm 62 사마륨	151,96 2 3 Eu 63 유로퓸	157,25 3 Gd 64 가돌리늄	158,925 3 Tb 65 테르븀	162,5 3 Dy 66 디스프로슘	164,93 3 Ho 67 홀로뮴	167,26 3 Er 68 에르븀	168,934 3 Tm 69 툴륨	173,04 2 3 Yb 70 이테르븀	174,97 3 Lu 71 루테튬
◈ 악티늄계열	[227] 3 Ac 89 악티늄	232,038 4 Th 90 토륨	[231] 5 Pa 91 프로트악티늄	238,03 4 6 U 92 우라늄	[237] 4 5 6 Np 93 넵투늄	[244] 3 4 5 6 Pu 94 플루토늄	[243] 3 Am 95 아메리슘	[247] 3 Cm 96 퀴륨	[247] 3 4 Bk 97 버클륨	[251] 3 Cf 98 칼리포르늄	[254] Es 99 아인시타이늄	[257] Fm 100 페르뮴	[258] Md 101 멘델레븀	[259] No 102 노벨륨	[260] Lr 103 로렌슘

〈그림 2-1〉 원소의 주기율표

사면체	삼각평면	선형
(a) 4방향성 sp^3 탄소 원자	(b) 3방향성 sp^2 탄소 원자	(c) 2방향성 sp 탄소 원자

짙은 부분(s 전자)에서 다른 전자와 결합하고, 흰 부분(p 전자)은 그 결합에 가해진다.

〈그림 2-2〉 탄소 원자의 3가지 결합 양식

sp^3 탄소 원자는 4개의 σ 전자를 가지므로 4개의 공유 결합을 만들 수 있다. 정사면체 중심에 탄소 원자를 놓으면 결합의 손은 정사면체의 꼭지점 방향을 향한다. 〈그림 2-2(a)〉는 이 상태를 나타낸 것이다. 이러한 종류의 결합을 단일 결합이라고 한다.

다음의 전자 상태를 〈그림 2-2(b)〉에 보였다. 동일 평면 위에 120°의 각도로 3방향으로 σ 전자의 결합 손을 뻗고, 나머지 또 하나의 전자는 평면 아래위 수직 방향으로 뻗은 궤도 함수를 만든다. 이 상태를 sp^2 혼성 궤도 함수, 수직 방향으로 뻗은 전자를 π 전자라 하고, 이런 형태의 탄소 원자를 sp^2 탄소 원자라고 한다.

2개의 sp^2 탄소 원자가 결합하면 σ 전자를 공유하는 결합 외에 π 전자를 공유하는 π 결합도 만든다. 이렇게 해서 탄소 원자 사이에 2개의 결합이 만들어지므로, 이를 이중 결합이라고 한다.

마지막 결합 유형은 〈그림 2-2(c)〉이다. 좌우로 뻗은 2개의 σ 전자와 이것과 수직인 방향으로 궤도 함수를 가진 2개의 π 전자가 존재한다. 이것이 sp 혼성 궤도 함수이다. 이 유형의 전자 궤도 함수를 갖는 2개의 탄소 원자가 결합하면 하나의 σ 결합과 2개의 π 결합으로 이루어지는 3중 결합이 만들어진다.

이번에는 같은 형의 전자 궤도 함수를 가진 2개의 탄소 원자가 결합하고 남은 결합의 손이 모두 수소 원자와 결합한 경우를 생각해 보자.

이 경우에는 〈그림 2-3〉과 같은 화합물이 만들어진다. 즉, sp^3 탄소 원자로부터는 에탄, sp^2 탄소 원자로부터는 에틸렌, 그리고 sp 탄소 원자로부터는 아세틸렌이 만들어진다.

sp^2 혼성 궤도 함수를 지닌 6개의 탄소 원자로 결합을 만들면 6각형이 된다. 각 탄소 원자에는 결합에 참여하지 않은 σ 전자가 1개씩 남는다. 이 σ 전자에 수소 원자가 결합하면 〈그림 2-3(d)〉의 벤젠이 된다.

sp^2 탄소 원자에는 1개의 π 전자가 있다. 2개의 π 전자로 하나의 π 결합이 만들어진다.

6개의 탄소 원자로 만드는 6각형 중에는 3개의 π 결합이 존재한다.

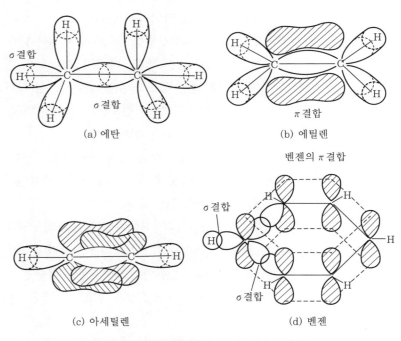

(a) 에탄

(b) 에틸렌

벤젠의 π 결합

(c) 아세틸렌

(d) 벤젠

〈그림 2-3〉 3가지 결합 유형으로 만들어진 화합물의 예

하지만 이 π 결합은 6각형 분자에 균등하게 배분되므로 각 탄소 원자 간의 π 결합은 0.5개라는 계산이 나온다.

1개의 σ 결합과 합하면 1.5중 결합이 된다. 1.5중 결합은 단일 결합보다는 강하지만 이중 결합이나 3중 결합만큼은 강하지 않다.

2.2. 탄소의 동소체

같은 유형의 전자 궤도 함수를 지닌 탄소 원자만으로 잇따라 결합을 만들어 보자. sp^3, sp^2, sp 혼성 궤도 함수의 탄소 원자로부터 〈그림 2-4〉와 같이 각각 다이아몬드, 흑연, 론스달레이트(lonsdaleite) 등의 구조가 만들어진다.

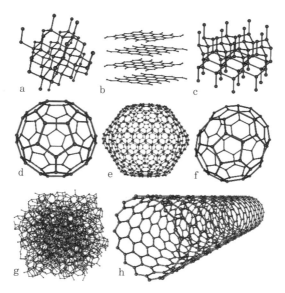

a. 다이아몬드, b. 흑연, c. 론스달레이트(lonsdaleite) d. C_{60}, e. C_{540}, f. C_{70} g. 무정형 탄소, h. 단일-벽 탄소 나노튜브

(출처 : Wikipedia)

〈그림 2-4〉 탄소의 동소체

이처럼 같은 원소로 구성되면서도 구조와 상질이 다른 물질을 동소체(同素體; allotropy)라고 한다.

다이아몬드는 상하, 좌우 어느 방향에서 보아도 같은 구조로 되어 있다. 방향성이 없는 이와 같은 상태를 등방성(等方성)이라고 한다. 다이아몬드는 σ 결합만으로 구성되어 있다. σ 결합은 강하고 σ 전자는 탄소 원자 사이에 고정되어 있다. 다이아몬드가 단단하고 전기를 흘리지 않는 원인은 이 때문이다.

다이아몬드는 수만 기압 이상의 높은 압력과 5,000℃ 정도의 고온에서 안정하고, 흑연은 수만 기압 이하의 압력과 5,000℃ 이하에서 안정하다. 때문에 보통의 압력으로 산소가 없는 분위기에서 다이아몬드를 2,000℃ 부근까지 가열하면 쉽게 흑연으로 변한다.

반대로 흑연을 가지고 다이아몬드를 만드는 일은, 고온과 고압이 필요하기 때문에 매우 어렵다. 가급적 쉬운 조건에서 다이아몬드를 만들려고 한다면, 실제로 니켈 등의 촉매를 사용해야 한다.

그런데 극단의 조건을 사용하지 않고도 간단히 다이아몬드를 합성할 수 있는 방법도 있다. 플라스마 분위기 속에서 메탄가스 등을 상압으로 열분해하는 방법이 그것이다. 그러나 반응하고 있는 분자는 국소적으로 고온·고압 상태에 있다고 할 수 있다.

sp^2 혼성 궤도 함수의 탄소 원자가 결합하면 거북등 모양의 큰 탄소 평면(탄소 망면)이 만들어지고, 이 탄소 망면 아래위에 위치하는 π 전자가 망면을 서로 결합시켜 흑연 결정이 된다. π 전자는 탄소 망면 위를 비교적 자유롭게 돌아다닐 수 있으므로 흑연은 전기를 잘 통하게 한다.

흑연에 셀로판테이프(스카치테이프)를 단단하게 붙였다 떼면 테이프에는 흑연의 작은 조각이 묻어나는데, 이것은 흑연의 층간이 벗겨지기 때문이다. 이 벗겨진 작은 조각에 다시 셀로판테이프를 강하게 붙였다 벗기는 조작을 몇 번 반복하면 흑연 조각은 점점 얇아진다(제 2부 5장 그래핀 참조). 이것으로 흑연은 층상 구조로 되어 있고, 또한 흑연의 층간을 결합하고 있는 π 결합은 약하다는 것도 알 수 있다.

이에 비하여, 흑연의 탄소 육각형 망면 안의 결합은 1.5중 결합이므로 다이아몬드의 결합보다 강하다. 이 밖에도 여러 가지 성질이 망면에 평행한 방향과 수직 방향에 따라 다르다. 흑연은 이방성(異方性; anisotropy)을 나타내는 전형적 물질이다. 이방성의 구조는 제품의 성질을 제어하는 데 있어서도 매우 중요하다. 이에 관한 내용은 3장에서 다룬다.

sp 혼성 궤도 함수의 예는 카바인(carbyne)인데, 이것도 탄소 동소체 중의 하나이다. 카바인의 구조는 매우 불안정하기 때문에 물성을 측정할 수 있을 정도의 큰 결정을 만들 수 없다. 안정화하는 방법이 발견되지 않는 한 실용 재료는 되지 못할 것 같다. 카바인은 비교적 저압·고온 아래에서 안정적이라고 하지만, 확실한 것은 아직 밝혀지지 않았다.

2.3. 탄소의 탄생과 그 모습

탄소는 그다지 높은 압력 아래서가 아니더라도 3,000℃ 가까운 고온에서 처리하면 흑연의 구조로 변한다. 일반적으로 탄소 재료는 유기물을 산소가 없는 상태에서 열처리하여 만든다. 그렇다고 해도 흑연의 큰 결정을 만드는 일은 매우 어렵다.

500℃ 전후의 온도로 유기물을 처리하면 탄소 이외의 산소와 수소 등의 원소 비율이 감소하여, 탄소 원자가 주체인 흑색의 고체 즉 탄소의 전구물질(precursor)로 변한다. 이러한 처리 과정에서 기체 상태의 작은 분자가 계속 발생하고 또 액체 상태의 검은 물질인 타르가 생

〈흑연과 다이아몬드의 결정 구조 변환〉

흑연과 다이아몬드는 모두 탄소 원자만으로 만들어진 결정이다. 다이아몬드를 인공적으로 안정적으로 만들기 위해서는 수 GPa(수만 기압) 이상의 고압이 필요하며, 상압에서는 흑연이 안정하게 존재한다. 다이아몬드를 상압·불활성 분위기에서 2,000℃ 정도로 가열하면 쉽게 흑연 모양의 탄소로 변한다.

그러나 반대로 흑연을 가지고 다이아몬드를 만들려면 그렇게 간단히는 되지 않는다. 일반적으로는 철이나 코발트 등의 융제와 함께 원료인 흑연을 넣은 캡슐을 1,500℃, 5GPa 정도로 유지한다.

고압이 필요한 이유는, 흑연과 다이아몬드의 비중을 비교하여 보면 알 수가 있다. 그것은 비중이 각각 2.25와 3.51이므로, 탄소 원자를 6.02×10^{23}개(1몰)를 포함하는 부피로 비교하면 흑연은 $5.33cm^3$, 다이아몬드는 $3.42cm^3$로 된다.

흑연을 다이아몬드로 변환하려면 우선 고압으로 흑연을 가압하여 부피를 36% 감소시킬 필요가 있다. 흑연의 망면 간격(0.3354nm)이 오그라들면 망면이 지그재그로 되고, 이웃의 망면 탄소 원자와 결합이 이루어지므로 탄소 원자의 결합 길이가 0.142nm에서 0.154nm로 늘어난다. 그 결과 흑연의 망면 내의 3방향(sp^2 혼성 궤도) 탄소 원자의 결합에서 입체적인 4방향(sp^3 혼성 궤도)의 결합이 만들어진다.

그림은 육방정 다이아몬드의 결정 구조를 보여 주고 있는데, 이 속에 그림자를 새긴 듯한 흑연의 6각 망면의 잔영을 발견할 수 있다.

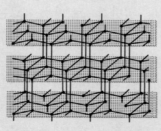

육방정 다이아몬드의 결정 구조

이와 같은 다이아몬드도 그 결합 길이(0.154nm)를 탄소 원자의 지름이라고 간주하여, 탄소 원자의 최밀 충전 구조 비중을 계산하면 7.5가 된다.

이로 미루어 보면, 다이아몬드도 결코 치밀한 상태는 아니고 상당히 엉성한 구조라고 할 수 있다.

기는 수도 있다. 1,500℃ 정도로 온도를 높이면 탄소 이외의 원소는 거의 다 없어진다. 이러한 열분해 과정을 탄소화(炭素化)라고 한다.

일반적으로 화석 연료는 식물성 물체가 화학적 변화인 탄소화로 생성된 것이다. 1,500℃ 이상의 온도에서는 탄소의 결정이 서서히 생기면서 3,000℃ 부근이 되면 흑연에 가까운 구조로 변한다. 이 과정을 물리적 변화인 흑연화(黑煙化)라고 한다.

열처리 온도의 상승과 더불어 결정 구조가 성장하기 쉬운 탄소를 흑연화 용이성 탄소 또는 소프트 카본(soft carbon)이라고 한다. 그리고 3,000℃로 열처리하여도 흑연과 같은 평면 구조로 발달하지 않는 흑연화 용이성 탄소와는 겉모습과 물성이 다른 탄소도 생기는데, 이것은 흑연화 용이성 탄소보다 단단하므로 이러한 난흑연화 탄소를 하드 카본(hard carbon)이라고 한다.

이와 같은 차이가 나는 이유는 무엇일까? 유기물을 열분해하면 벤젠 고리가 집합한 방향족(aromatic) 분자인 방향족 축합 고리가 생성된다. 방향족 축합 고리는 사슬 모양의 분자보다 고온 아래에서 안정하기 때문이다. 또 방향족 축합 고리는 커질수록 안정하기 때문에 열처리를 계속하면 서서히 크게 성장한다. 크게 성장한 방향족 축합 고리는 편평한 구조를 하고 있다. 따라서 서로 평행으로 배열하게 되고, 서서히 두껍게 겹쳐 쌓이게 된다.

탄소 전구체는 적층한 방향족 축합 고리로 되어 있는데, 작은 흑연 결정이라는 의미에서 미소 결정(微小結晶)이라고도 한다. 미소 결정의 확산과 두께는 탄소의 구조를 나타내는 중요한 파라미터이다. 편평한 방향족 축합 고리가 겹쳐 쌓인 미소 결정은 특정한 방향으로 배열되기 쉽다. 어떤 일정한 방향으로 배열되는 상태를 선택적 배향이라고 한다. 탄소 전구체 중의 미소 결정의 배향 유무는 고온 처리에서 미소 결정의 성장 용이성 즉 흑연화성과 밀접한 관계가 있다.

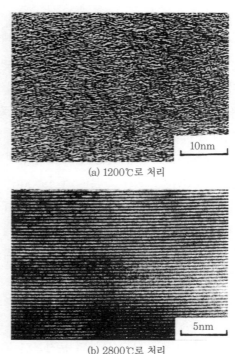

10nm

(a) 1200℃로 처리

5nm

(b) 2800℃로 처리

〈그림 2-5〉 흑연화 용이성 탄소의 고분해능 전자 현미경 영상

　이론보다는 증거가 중요하므로 사진을 통해 구조를 살펴보기로 하자.

　〈그림 2-5〉는 고분해능 전자 현미경을 써서 얻은 영상이다. 고온으로 처리하면 방향족 축합 고리 속의 수소 원자는 소실되고 탄소만의 축합 고리가 된다. 〈그림 2-5(b)〉에서 볼 수 있는 줄무늬가 탄소 축합 고리의 한 층을 나타낸다. 그림 (a)는 석유 피치를 1,200℃로 처리한 코크스이다. 미소 결정이 잘 나타나 있으며, 이들이 줄 방향으로 배열되어 있는 것을 알 수 있다. 그림 (b)는 그림 (a)를 2,800℃로 처리한 탄소이다. 직선으로 뻗은 탄소 망면이 종이를 겹친 것처럼

잘 배열되어 있다. 그림 (a)에서 볼 수 있는 작은 미소 결정이 고온 처리됨으로써 크게 성장한 것이다. 즉, 흑연화 용이성 탄소이다.

어떠한 원료가 배향 구조를 만들기 쉽겠는가? 예외도 있겠지만, 일반적으로 가열함으로써 일단 액체 상태를 거치고 나서 탄소 전구체로 되는 것이 배향 구조를 취하기 쉽다.

액체 상태에서의 변화를 좀 더 자세히 살펴보기로 한다.

가열하여 용융 상태가 되면 점도가 낮아져 편평한 방향족 분자는 서로 끌어당겨 배열하게 된다. 많은 분자가 배열하면 표면 장력으로 인하여 작은 구체(球體)로 변한다. 이것을 원자나 분자가 규칙성 없는 액체와 규칙적으로 배열한 결정의 중간 상태인 메소페이스(mesophase)의 소구체(小球體)라고 한다. 액정의 일종이라고 생각하면 된다.

메소페이스 소구체가 생성되는 조건에서 장시간 유지하거나 더욱 온도를 높이거나 하면 소구체는 주변에 있는 방향족 분자를 끌어들이면서 성장을 계속하며, 결국에는 크게 자란 구체 서로가 접촉하여 합체한다.

소구체가 나타난 피치를 잡아내어 정성들여 연마한 다음 편광 현미경으로 관찰하면 앞에서 설명한 변화 모습을 분명하게 볼 수 있다. 〈그림 2-6(a)〉는 이러한 구조의 한 예이다. 색깔의 변화로부터 방향족 분자 평면의 배향 양상을 알 수 있다.

메소페이스의 성장 정도는 원료와 열처리 조건에 따라 다르다. 〈그림 2-6(b)〉는 메소페이스가 잘 성장한 시료인데, 커다란 이방성 조직이 왼쪽 위에서부터 오른쪽 아래 방향으로 흐르고 있다. 미소 결정 시료 전체에 걸쳐 선택적 배향을 하고 있다. 이러한 이방성 조직이 잘 발달한 피치는 제2부 6장에서 설명하는 고성능 탄소 섬유와 인조 흑연 전극의 원료로 사용한다.

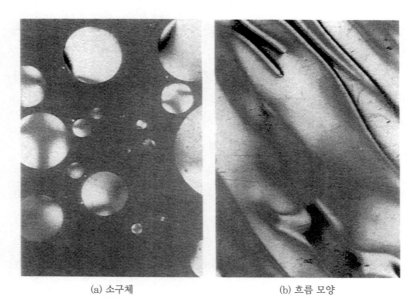

(a) 소구체   (b) 흐름 모양

〈그림 2-6〉 메소페이스의 광학적 이방성 조직

반대되는 예에 관해서도 설명을 하지 않을 수 없다.

페놀 수지나 에폭시 수지 등을 가열하면 녹지 않고 탄소 전구체로 변한다. 〈그림 2-7(a)〉은 페놀 수지를 1,200℃로 처리하여 만든 탄소의 전자 현미경 영상이다. 1~2nm 길이의 줄무늬 모양 즉 탄소 방향족 평면을 볼 수는 있지만, 전혀 어떤 방향으로도 배향하고 있지 않다. 〈그림 2-5(a)〉의 구조에 비하여 틈새가 많은 구조이다. 이 탄소를 2,800℃의 고온으로 처리하면 〈그림 2-7(b)〉와 같은 구조로 변한다.

〈그림 2-7(b)〉는 고온으로 처리한 난흑연화성 탄소의 전형적인 구조이다. 그 특징을 보면 배향성을 찾아볼 수 없고 탄소 방향족 망면은 고작 6nm 정도로 작다. 5~8층의 적층 망면에 의해서 둘러싸인 빈 구멍이 존재한다.

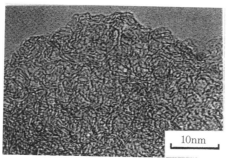

(a) 1200℃로 처리

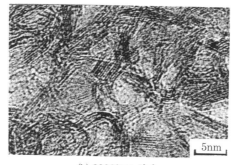

(b) 2800℃로 처리

〈그림 2-7〉 난흑연화성 탄소의 고분해능 전자 현미경 영상

〈그림 2-8〉은 난흑연화성 탄소 구조의 모식도이다.

〈그림 2-7〉과 같은 특징적인 구조를 지닌 탄소 재료를 유리상 탄소라고 하는데, 그 특이한 성질에 의해서 독자적인 응용 분야를 넓혀 나가고 있다. 이에 관해서는 3장에서 상세한 설명을 부가하기로 한다.

두 가지 전형적인 구조를 〈그림 2-5〉와 〈그림 2-7〉에 예로 보였다. 이 밖에 일부분만이 흑연 구조로 되는 것 등, 열처리에 따른 구조 변화는 무척 다양하다.

여기서 꼭 짚고 넘어가야 할 사항이 있다. 그것은 탄소 방향족 평

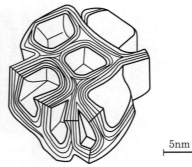

5nm

〈그림 2-8〉 난흑연화성 탄소 구조(2,800℃로 처리) 모식도

면의 중첩이다. 〈그림 2-9(a)〉는 두 장의 탄소 6각형 망면의 중첩을 위에서 본 그림이다. 망면 한 장 속에 있는 하나의 탄소 원자는 다른 쪽 망면 속의 탄소 원자 6각형의 중심에 위치한다. 다른 탄소 원자는 모두 상하 망면의 같은 위치에 중첩되어 있다. 이것이 흑연의 구조이다.

흑연 구조로 되기 전의 탄소 구조는 이것과는 다르다. 〈그림 2-7(b)〉와 같은 탄소 6각형 망면은 서로 평행으로 중첩되어 있지만 층의 향방은 일정하지 않다. 〈그림 2-9(a)〉의 망면을 적당하게 평행으로

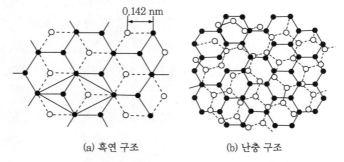

0.142 nm

(a) 흑연 구조   (b) 난층 구조

검은 동그라미가 위층 면, 흰 동그라미가 아래층 면을 나타낸다.

〈그림 2-9〉 흑연 구조와 난층 구조의 탄소 6각형 망면의 상대적 위치 관계

엇갈리게 하거나 회전시킨 구조라고 이해하면 될 것 같다. 이와 같은 구조를 난층(亂層) 구조(〈그림 2-9(b)〉)라고 한다.

흑연의 망면 사이 거리는 0.3354nm이지만, 난층 구조 탄소의 망면 사이 거리는 약간 큰 0.338~0.341nm이다. 층을 서로 결합하고 있는 것은 분자 사이의 힘이라고 하는 π 전자에 의한 약한 결합인데, 큰 면일수록 결합력도 크다. 결합이 작은 큰 6각형 망면이 되면 분자 사이 힘도 강하게 되므로 흑연 구조로 옮겨 간다.

고온으로 처리한 탄소 재료의 구조는 양쪽 구조가 혼재된 것이라고 생각한다. 따라서 망면 사이 거리는 양쪽 구조의 양비(量比)에 비례한 중간 값이다.

2.4. 탄소 재료의 성질을 결정하는 조직

탄소 재료의 성질이 구조에 의존하는 것은 당연하다. 구조는 재료를 구성하고 있는 미소 결정의 크기와 배향 상태, 세공의 유무와 세공 구조 등에 의해 결정된다. 이와 같은 요소들에 의해서 만들어지는 구성체의 상태를 조직이라고 한다.

미소 결정의 크기와 흑연화의 정도 등은 주로 X-선 회절에 의해서 결정된다. 이에 대하여, 조직은 고분해능의 전자 현미경이나 광학 현미경 등에 의해서 조사된다. 보통 흑연 재료는 흑연 미소 결정이 있는 면을 따라 평행으로 배향되어 있다. 그러나 큰 흑연의 결정(단결정)이 아니고 동일 면을 따라 배향한 수 μm 정도의 흑연 미소 결정의 집합체이다. 이와 같은 상태를 면배향(面背向)이라고 한다. 면배향을 하기 때문에 세공은 생성되지 않고 이방성이 매우 강한 재료가 된다.

탄소 섬유에서는 미소 결정이 섬유의 축을 따라 늘어선다. 이것을 축배향(軸配向)이라고 한다. 메소페이스로부터 생긴 탄소 섬유, 아크릴로니트릴의 분자를 배향시켜 만든 탄소 섬유, 철 촉매 등을 사용하여 기상법으로 만든 탄소 섬유 등에서는 현저한 축배향이 관찰된다. 자세한 설명은 3장을 참고하기 바란다.

지금까지 대표적인 조직으로서 면배향과 축배향을 설명하였다. 하지만 현재 사용되고 있는 탄소 재료 중에서 배향은 그다지 명확하지 않다. 중간 조직도 많이 관찰된다. 인조 흑연 전극의 원료인 니들 코크스(needle cokes)의 조직이 바로 좋은 예라고 할 수 있다.

니들 코크스는 콜타르 피치(coaltar pitch)나 석유 피치를 열분해하여 만든다. 이 과정에서 발생한 가스는 용융한 피치 속을 상승하여 빠져나간다. 이때 가스의 흐름을 따라 방향족 축합 고리가 배열하므로 흐름 모양의 이방성 조직이 생긴다. 이 구조가 이력으로서 강하게 남아 있는 코크스가 니들 코크스이다. 면배향이나 축배향한 미소 결정으로부터 구성된다.

양파처럼 동심구(同心球) 상태로 미소 결정이 배열한 조직도 있다. 〈그림 2-10(a)〉의 카본 블랙이 그러한 조직을 지니고 있다. 다만 구의 크기는 여러 가지인데 그중에는 염주처럼 이어져 있는 것도 있다.

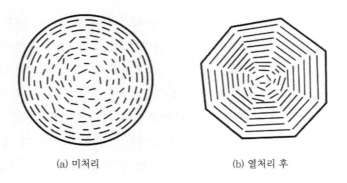

(a) 미처리   (b) 열처리 후

〈그림 2-10〉 카본 블랙의 조직

카본 블랙을 고온 처리하면 〈그림 2-10(b)〉와 같이 동심구 모양의 미소 결정 배향이 다면체로 변한다. 흑연 층의 크기는 당연히 〈그림 2-10(a)〉의 구체의 크기에 따라 결정된다. 큰 카본 블랙일수록 큰 흑연 결정이 생성되기 쉽다. 흑연화의 정도가 탄소 재료의 형상에 따라 지배되는 예이다.

〈그림 2-7〉에서 본 무배향 조직은 대부분의 난흑연화성 탄소에서 볼 수 있는 특징적인 현상이다. 탄소화 단계에서 제멋대로 분포하여 있던 1nm 정도의 미소 결정은 고온 처리로 약간은 성장한다. 그러나 무배향 조직은 그대로 남는다.

조직을 결정하는 것은 원료의 탄소화 조건이다. 배향성 조직의 탄소일지라도 그것을 분쇄하여 미립자로 만들고 각 입자가 여러 방향을 향하는 성형체를 만들면 등방성 조직을 가진 탄소 재료로 된다. 제2부 7장에서 설명하는 고밀도 등방성 탄소 재료가 여기에 속한다.

2.5. 탄소 재료 중 세공의 작용

활성탄이나 목탄 등은 식수를 정화할 때나 방독면, 담배 필터 등을 제조할 때에 쓰인다. 활성탄에는 수 nm 정도의 작은 구멍(세공)이 많이 존재하며, 이 세공이 가스나 액체를 막아 주거나 흡착한다.

세공이 서로 연결되어 있으면 가스나 액체는 세공 사이를 빠져나 갈 수 있다. 그러나 고온 처리한 탄소 재료 속의 세공은 외부로 열려 있지 않거나 상호 연결되어 있지 않는 경우가 많다. 따라서 활성탄과 같은 흡착 작용을 나타내지 않는다.

탄소 재료 중에는 수 nm에서 경우에 따라서는 수 mm 정도로 큰 빈틈을 지닌 것도 있다. 빈틈은 열팽창이나 기계적 응력을 흡수하기 때문에, 빈틈을 적당히 지닌 탄소 재료는 쉽사리 붕괴되지 않는다.

흡착과는 다른 세공의 작용이다.

액상을 통해 만드는 탄소 재료 중 방향족 축합 고리는 배향하기 쉬우므로 세공이 생성되기 어렵다. 반대로, 방향족 축합 고리나 미소 결정이 배향하기 어려운 재료에서는 미소 결정 사이에 세공이 생기기 쉽다.

가정에서 사용하는 랩은 염화비닐라이덴이라는 폴리머로 만든다. 이 폴리머를 탄소화하면 염소 원자가 빠진 자리에 산소나 질소 크기의 작은 세공이 남는다. 이렇게 해서 얻은 탄소 재료는 분자를 분별하는 '분자체'로 사용한다.

탄소를 1,000℃ 정도에서 수증기나 탄산가스와 반응시키면 많은 세공을 만들 수 있다. 탄소를 가볍게 연소시켜 세공을 만드는 다공질 활성화 방법을 부활(賦活)이라고 한다. 최근에는 분체 상태와 입자 상태의 활성탄 외에 방탄복 제조에 사용되는 탄소 직물과 섬유상의 활성탄도 볼 수 있는데 모두 부활로 만든 것이다.

일반적으로 활성탄 원료로는 난흑연화성 탄소가 사용되지만, 드물게는 흑연화 용이성 탄소도 사용된다. 부활을 계속 진행시키면 흑연화성과는 상관없이 탄소 6각형 망면의 중첩이 작아져 망면이 흐트러진 구조로 변한다.

탄소 재료 제조법, 성질과 용도

탄소 재료의 용도를 알면 그 광범위한 쓰임새에 놀라지 않을 수 없다. 용도가 다양하다는 것은 탄소 재료가 다양한 성질을 지니고 있다는 것을 의미한다. 탄소 재료는 한 종류의 원소로만 구성되어 있으면서도 그렇게 다양한 성질을 지닐 수 있는 이유는 무엇일까?

앞 장에서는 탄소의 여러 가지 구조와 조직에 대하여 설명하면서, 구조와 조직이 다르면 나타나는 성질도 다르다는 것을 살펴보았다. 결국 탄소 재료의 용도가 광범위하다는 것은 탄소 재료가 다양한 구조와 조직을 가질 수 있기 때문이다.

사용 목적에 적합한 성질이 나타나도록 임의로 구조나 조직을 바꾸는 것을 재료 설계라고 한다. 이 장에서는, 탄소 재료의 구조와 조직이 어떻게 제어되고, 그 결과 어떠한 성질이 나타나며, 그러한 성질에 의해서 어떠한 응용법이 개발되는가 등을 상호 연관시키면서 설명하고자 한다.

3.1. 탄소 원자의 성질

3.1.1. 탄소는 강하다 !

탄소 재료의 성질은 당연히 그것을 구성하는 탄소 원자의 성질에 크게 영향을 받는다. 탄소 재료는 금속이나 세라믹스에 비하면 가벼운 재료이다. 이유는 간단하다. 탄소는 주기율표에 나오는 모든 원소 중에서 6번째로 가벼운 원소이다. 따라서 탄소 원자는 가벼울 수밖에 없다. 원자가 어떻게 채워지느냐에 따라 다르기는 하지만, 가벼운 원소로 만들어지는 재료는 일반적으로 가볍다.

재료를 구성하고 있는 원자는 서로 결합하고 있다. 재료를 구부리거나 잡아당기면 부러지거나 끊어진다. 이것은 재료 속에서 원자 사이의 결합이 끊어지기 때문이다. 결합력이 강한 원자로 되어 있는 재료일수록 쉽게 끊어지지 않으므로 강한 재료라고 할 수 있다. 숯도 백탄으로 구워 낸 것은 단단하고 쉽게 부서지지 않지만, 보통 숯은 쉽게 으스러진다.

"탄소 재료는 강한 재료이다"라고 주장하면 쉽게 납득하지 못하는 사람이 있는 것은 사실이다.

우리들 생활 주변에는 여러 가지 원자로 만들어진 다양한 재료가 존재한다. 이들은 저마다 다른 강도로 결합하고 있다. 그렇다면 탄소 재료를 구성하고 있는 탄소 원자 간의 결합은 어느 정도로 강한가?

탄소 원자 간의 결합에는 3가지 종류가 있다는 것을 앞 장에서 이미 배웠다. 3가지 결합 중에서 가장 약한 것이 단일 결합이다. 이 결합의 세기는 여러 가지 결합 중에서 대략 중간 정도이다. 2중 결합과 3중 결합은 단일 결합보다 각각 1.6배, 2.4배나 강하다.

보통 탄소 재료는 단일 결합이나 2중 결합 중심으로 되어 있으나, 3중 결합도 포함한 여러 가지 결합 상태가 혼재하는 탄소 원자로 구성되어 있다. 따라서 탄소 재료는 원래부터 강한 재료이다. 그럼에도 탄소 재료인 목탄이 약한 이유는, 목탄 속에 많은 구멍과 결함이 있기 때문이다.

에디슨이 만든 백열등의 대나무 필라멘트는 최초의 탄소 섬유였다고 한다. 〈그림 3-1〉에 에디슨이 만든 최초의 백열등을 보였다. 탄소 섬유는 현재 없어서는 안 되는 중요한 공업 재료이다. 탄소 섬유의 가장 큰 특징은 가볍고 강한 점에 있다. 탄소 섬유에 관해서는 제2부 6장에서 자세히 다룬다.

〈그림 3-1〉 에디슨이 처음 만든 백열등

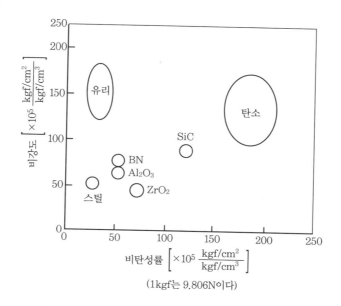

〈그림 3-2〉 각종 무기 섬유의 단위 무게당 기계적 성질

〈그림 3-2〉는 각종 섬유의 절단 강도(끊어지지 않는 정도)와 탄성률(구부러지기 어려움)을 같은 무게당으로 비교한 것이다. 같은 강도라면 가벼운 재료가 유리하다. 그림을 보아서 알 수 있듯이, 유리 섬유는 잡아당겼을 때는 강하지만 구부러지기 쉽다. 그러나 탄소 섬유는 쉽게 끊어지지 않을 뿐만 아니라 구부리기도 어려운 강직한 섬유이다.

여러 해 전의 일이다. 보이저(Voyager)라는 2인승 소형 항공기가 중간 급유 없이 세계 일주에 성공한 적이 있었다(〈그림 3-3〉). 이 항공기의 기체 대부분은 유리 섬유, 탄소 섬유 및 강도가 높은 아라미드 섬유로 만든 것이었다. 기체가 가볍게 되면 당연히 연비가 향상된다.

지상을 달리는 자동차에 비해서, 하늘을 나는 항공기는 무게 영향을 크게 받는다. 탄소 섬유로 보강한 재료는 기계적으로도 강하기 때문에 얇은 재료로 항공기 몸체를 만들 수 있다. 따라서 날개 속 등에 그만큼 큰 공간을 만들 수 있으므로 그곳에 많은 연료를 실을 수도 있다. 이와 같은 기술의 쾌거는 항공 공학의 발전과 더불어 탄소 섬유 개발에 의해서 달성되었다고 해도 지나친 표현은 아니다.

〈그림 3-3〉 중간 급유 없이 세계 일주에 성공한 보이저 비행기

3.1.2. 원자로 내부의 탄소는 중성자 속도를 조절한다

원자로에는 여러 가지 종류가 있다. 그중에는 탄소 원자에서 나오는 또 하나의 중요한 성질을 이용하여 원자로 노심부를 흑연이라는 탄소 재료로 만든 것도 있다. 구소련에서 개발한 RBMK라는 원자로가 좋은 예이다. 체르노빌 대재난을 일으킨 원자로도 이 종류이다.

모든 원자로 노심에서는 핵연료인 우라늄 원자를 중성자로 때려 붕괴시킨다. 이때 큰 열이 발생되는데, 이 열을 이용하여 발전하는 것이 원자력 발전이다.

우라늄 원자 1개가 붕괴할 때 열과 함께 3개의 중성자가 발생한다. 이들 중성자가 다음 우라늄 원자에 충돌하여 다시 붕괴한다. 이 과정은 연속적으로 일어나는데 이를 연쇄 반응이라고 한다.

그런데 우라늄 원자가 붕괴할 때 나오는 중성자의 속도는 지나치게 빠르다. 그렇기 때문에 그대로는 우라늄 원자를 붕괴시키지 못한다.

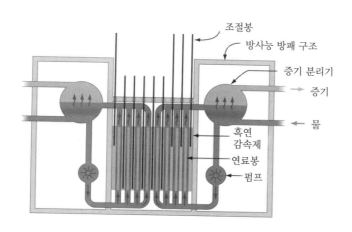

〈그림 3-4〉 RBMK 원자로의 개략도

적당한 연쇄 반응을 일으키기 위해서는 중성자 속도를 알맞게 조절해야 한다.

고속의 중성자를 무거운 원자에 충돌시켜 보자. 예컨대, 중성자보다 200배 이상 무거운 납 원자에 중성자를 세차게 충돌시켜 보자. 중성자는 퉁겨질 뿐 속도는 줄지 않는다. 경우에 따라서는 무거운 원자 속에 흡수되기도 한다.

그렇다면 가벼운 탄소 원자에 충돌시키면 어떻게 될까? 탄소 원자의 무게는 중성자보다 12배 무겁다. 때문에 중성자의 기세에 밀려 탄소 원자는 약간 움직인다. 그러나 중성자의 속도는 크게 떨어진다. 당구(billisrds)를 연상하면 된다. 이러한 성질을 중성자의 감속능이라고 하는데, 이 감속능은 흑연 재료가 원자로에 사용되는 데에 반드시 필요한 중요한 성질이다.

3.2. 탄소 원자의 세 가지 결합 형식과 그 재료

3.2.1. 연필심은 왜 미끄러운가?

탄소 원자에는 3가지 결합 형식이 있고, 그 결합 형식에 따라 다이아몬드, 흑연, 카바인(carbyne) 등의 여러 물질이 존재할 수 있다는 내용을 앞에서 설명한 바 있다. 다이아몬드(sp^3 구조)와 흑연(sp^2 구조)은 우리에게 잘 알려져 있지만, 화학을 알지 못하는 사람에게 카바인(sp 구조)은 낯선 물질이다.

카바인은 독일의 한 지방에 떨어진 운석 속에서 처음 발견되면서 새로운 탄소 동소체로 알려졌다. 독특한 구조와 성질로 미루어 초전도성을 나타내거나 또는 초고강도의 탄소 섬유가 될지도 모른다.

다이아몬드와 흑연은 그 구조와 성질이 모두 분명하게 밝혀졌다. 〈표 3-1〉은 다이아몬드와 흑연의 몇 가지 성질을 비교한 것이다.

<표 3-1> 다이아몬드와 흑연의 성질

성질	다이아몬드	흑연	
		면에 평행	면에 수직
상태	무색투명, 팔면체 결정	흑색 불투명, 금속 광택, 판상 결정	
녹는점(℃)	>3,500	>3,500	
비중	3.51	2.25	
강도(MPa)	5.80×10^5	1.96×10^4	
모스 경도	10	1–2	
전기 저항(Ωm)	10^{12}	$4 \sim 7 \times 10^{-7}$	$1 \sim 5 \times 10^{-3}$
열전도율 ($W \cdot m^{-1} \cdot K^{-1}$)	657	397	80
열팽창률(K^{-1})	2.8×10^{-6}	2.8×10^{-6}	2.8×10^{-6}

앞 장에서도 설명한 바와 같이, 흑연은 이방성 구조를 하고 있으므로 각 방향에서의 값을 보기로 들었다. 다이아몬드는 보석으로서 귀중한 것이면서, 공업적으로는 그 경도를 살려 물체를 깎는 연삭재로 사용한다. 그리고 다이아몬드는 전기는 흘리지 않지만 열은 잘 전달하는데, 이 성질도 재료로서는 매우 중요하다. 반도체 기판으로 사용하는 시도도 열을 잘 전달하는 성질을 적극적으로 이용하기 위해서이다.

다이아몬드는 탄소 원자로만 구성된 것이므로 역시 탄소 재료의 동소체임에는 틀림이 없다. 그러나 일반적으로 탄소 재료와는 별도로 취급한다.

흑연은 부드러운 재료이다. 열과 전기도 잘 전달한다. 부드러운 것은 탄소 6각형 망면 사이가 미끄럽기 때문이다. 연필과 샤프펜슬의 심이 종이 위를 부드럽게 잘 미끄러지는 것도 같은 이유에서이다.

〈그림 3-5〉 16세기 중반의 연필

연필은 16세기 중엽 영국에서 처음 쓰이기 시작했다. 〈그림 3-5〉
에서 보는 바와 같이, 가늘게 깎은 천연산 흑연에 실을 감아서 손잡
이로 하거나 칼집 같은 것에 삽입하거나 하여 사용했었다.

최초의 연필은 기다랗게 깎은 천연 흑연을 가는 죽통 끝에 삽입한
것으로, 대나무로 만든 뚜껑까지 있는 것이었다. 현재 우리들이 사용
하는 연필의 심은 천연 흑연과 점토 광물을 잘 섞어 이긴 것을 가늘
게 성형한 다음 건조·소성하여 만든다. 점토 광물의 비율을 늘리면
연필심이 단단하게 되고, 반대로 흑연의 비율을 높이면 부드럽고 진
하게 쓰이는 심을 만들 수 있다.

3.2.2. 다이아몬드와 숯의 튀기 재료

탄소 재료는 한 가지 구조만으로 되어 있지 않다. 다이아몬드에 가
까운 구조가 있는가 하면, 반대로 흑연에 가까운 구조 또는 다이아몬
도와 흑연의 중간 정도 되는 구조 등 다양하다.

다이아몬드 모양 탄소라고 하는 탄소 재료가 있다. 이 재료의 대부
분은 sp^3 탄소 원자로 구성되어 있지만, 소량의 sp^2 탄소 원자도 혼

합되어 있다. 그래서 이 재료는 매우 흐트러진 불규칙한 구조로 되어 있다. 그리고 겉보기에는 새까맣지만 매우 단단한 점은 다이아몬드와 비슷하다. 따라서 이 재료는 여러 가지 재료의 표면을 피복하여 내부를 보호하기 위한 막으로 사용한다.

피치코크스는 3,000℃ 가까운 고온으로 소성하면 흑연으로 변한다. 이보다 낮은 온도에서는 흑연으로 되지 않고 이른바 난층 구조의 탄소가 된다. 대부분의 일반 탄소 재료는 이와 같은 구조로 구성되어 있다. 난층 구조로 만들어진 탄소 재료도 흑연만큼은 아니지만 전기와 열을 잘 전도한다. 이 탄소 재료를 구성하고 있는 주요 탄소 원자는 sp^2 탄소 원자이고 sp^3 탄소 원자도 소량 포함한다.

이와 같이 sp^2 탄소 원자, sp^3 탄소 원자, 그리고 특별히 설명하지 않았지만 sp 탄소 원자의 혼합 비율을 변화시킴으로써 여러 가지 구조로 된 여러 가지 성질의 탄소 재료를 만들 수 있다.

3.3. 탄소의 탄생과 성장

3.3.1. 열로 자라나는 탄소

앞 장에서 설명한 내용을 간단히 복습하면, 탄소 재료는 탄소 망면이 중첩된 미소 결정으로 되어 있다. 하지만 미소 결정의 크기, 바꾸어 말하면 미소 결정을 구성하는 탄소 망면의 크기와 적층의 두께는 여러 가지가 있다.

가열에 의해서 일단 용융하여 생성되는 숯은 탄소 망면의 적층 구조가 발달하기 쉬운 흑연화 용이성 탄소로 된다. 이런 변화를 하는 대표적 원료는 피치와 열가소성 수지, 예를 들면 폴리염화비닐 등이다.

반대로, 목재는 가열하여도 녹지 않고 숯으로 된다. 에폭시 수지와 페놀 수지, 푸란(furan) 수지 등 이른바 열경화성 수지 등도 녹지 않고 숯이 된다. 이 숯은 탄소 망면의 확산과 적층의 두께가 모두 작은 난흑연화성 탄소이다. 큰 탄소 망면이 두껍게 적층된 미소 결정일수록 전기와 열을 잘 전달하고 또 층 사이가 미끄럽고 부드러운데, 흑연이 그 전형적인 예이다.

현재 가장 대량으로 만들고 있는 탄소 재료의 하나는 전기로 제강에서 사용되고 있는 인조 흑연 전극이다. 큰 노 속에 고철이나 선철을 넣고 전극을 꽂아 전류를 흘린다. 〈그림 3-6〉은 아크식 제강로의 얼개이다. 전극과 철 사이에서 발생하는 아크로 철을 녹여 철 성분을 조정한다. 이때 큰 전류를 흘리면 조업 효율이 향상된다. 여기서는 전기 저항이 작은 전극이 바람직하다.

원료로는 흑연화 용이성 탄소의 피치코크스, 특히 적층 구조가 잘 발달한 바늘 모양의 코크스를 사용한다. 코크스 입자와 피치를 잘 섞은 다음 구멍에서 밀어내어 굵고 둥근 막대를 만든다. 3,000℃ 부근의 고온에서 오랜 시간에 걸쳐 서서히 처리하면 미소 결정이 잘 발달된 전기 저항이 낮은 인조 흑연 전극을 만들 수 있다.

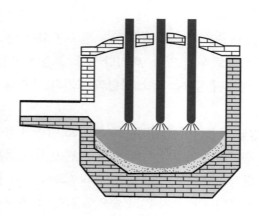

〈그림 3-6〉 아크식 제강로

3.3.2. 세 쌍둥이의 혼

반대로 1,000℃ 정도에서 처리한 탄소 재료는 단단하다. 컴프레서의 피스톤 링이나 전동차의 팬터그래프(pantograph)는 금속 봉이나 전선에 의해서 끊임없이 마찰된다. 그렇기 때문에 가급적 마모 감소가 적도록 1,000℃ 부근에서 처리한 탄소 재료가 쓰인다.

활성탄은 탄소를 산화하여 다수의 작은 구멍을 뚫어 놓은 것이다. 이때는 미소 결정이 발달하기 어려운 1,000℃ 부근에서 열처리한 난흑연화성 탄소가 사용된다. 활성탄 원료는 보통 고온에서 처리하지 않는다.

이처럼 탄소 망면이 크기와 겹쳐 쌓은 두께 즉 미소 결정의 크기를 바꾸는 것으로도 탄소 재료의 성질을 바꿀 수 있다. 미소 결정의 크기를 결정하는 것은 원료의 종류와 처리 온도이다.

3.4. 탄소 망면의 배열 방법

3.4.1. 강한 탄소 재료의 본체

미소 결정은 탄소 망면이 겹쳐 쌓여 만들어진 것이므로, 앞의 〈표 3-1〉에 보인 바와 같이 방향에 따라 성질에도 큰 차이가 있다. 흑연 결정에서는 망면에 평행 방향인 전기는 수직 방향 전기보다 10,000 배나 잘 흐른다. 가열하면 탄소 망면에 수직인 방향으로는 팽창하지만 평행인 방향은 반대로 수축한다. 또 탄소 망면을 절단하려면 탄소 망면 사이를 벗기는 것보다 훨씬 큰 힘이 필요하다.

흑연처럼 뚜렷하지 않지만 코크스 입자에서도 마찬가지 경향을 볼 수 있다. 탄소 제품 중에서 탄소 결정을 어떻게 배열하느냐에 따라서 제품의 성질이 크게 변한다. 탄소 섬유는 기계적으로 강한 재료이지만 몇 가지 등급이 있다. 매우 우수한 기계적 강도를 지닌 것을 고성능품, 일반적인 것을 범용품이라고 한다. 또 고성능품은 잡아당겨도 잘 끊어지지 않는 것을 고강도품, 강직하고 굽히기 어려운 것을 고탄성률품으로 구별하고 있다.

기계적 성질은 〈그림 3-7〉에 보인 바와 같은 구조를 반영하고 있다. 그림 속의 선은 탄소 망면을 나타내고 있다. 범용 탄소 섬유 속의 탄소 결정은 여러 방향을 향하고 있다. 반면에 고성능 섬유 속의 미소 결정은 섬유 축을 따라 배향(축배향)하고 있다. 고강도품은 배열하고 있는 미소 결정이 작고 고탄성률품은 크다.

현재 사용하고 있는 대부분의 탄소 섬유는 폴리아크릴로니트릴(PAN)이라는 합성 섬유를 탄소화하여 만든 고강도품이다. 하지만 원료인 PAN을 단순히 탄소화하는 것만으로는 탄소 미소 결정이 섬유 축을 따라 배향하지 않는다. 공업적으로는 섬유가 수축하지 않도록 하거나 또는 잡아당기면서 탄소화한다. 이렇게 하면 편평한 탄소 미소 결정은 섬유 축을 따라 배향한다. 미소 결정의 크기는 처리 온

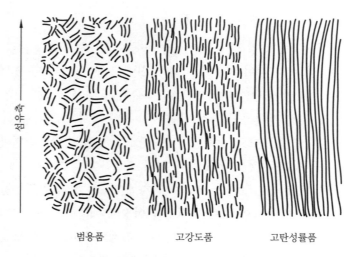

| 범용품 | 고강도품 | 고탄성률품 |

〈그림 3-7〉 탄소 섬유의 구조와 기계적 특성 관계

도에 따라 결정된다. 고탄성률 탄소 섬유를 희망한다면 고온으로 처리하면 된다.

골프채나 라켓 등에 사용되는 탄소 섬유는 고강도품이다. 고탄성률품은 항공, 우주 등 일부 분야에서만 사용된다. 범용품은 기계적 강도를 그다지 요구하지 않는 패킹재나 노의 단열재 등으로 사용된다. 단열 효과가 높은 이 재료를 사용함으로써 상당한 에너지의 절약을 기대할 수 있다고 한다.

석면은 발암성이 있다고 하여 사용이 금지되었기 때문에, 범용 탄소 섬유는 석면을 대신하여 사용되고 있다.

3.4.2. 등방성 구조를 만드는 두 가지 방법

사용 용도에 따라서는 탄소 미소 결정이 전혀 배향되지 않은 탄소 재료도 바람직한 경우가 있다. 그 하나가 고밀도 등방성 탄소 재료이다. 이름 그대로 재료 속에 탄소 미소 결정이 모두 제멋대로의 방향을 향하고 있는 등방성 재료이다. 조직이 치밀하고 매우 미세한 특징도 함께 지니고 있다.

이 재료의 제조법을 설명하기에 앞서, 인조 흑연 전극 등 일반적인 탄소 재료의 제조법을 간단히 소개하고자 한다.

피치를 가열 용융하면 메소페이스 소구체가 나타나고 최종적으로 흐름 구조 상태에서 고화한다고 설명한 바 있다. 피치코크스인데 특히 흐름 구조가 잘 발달한 코크스가 인조 흑연 전극의 원료가 되는 바늘형 코크스이다. 탄소 망면이 흐름 모양을 따라 정연하게 늘어서 있으므로 분쇄하면 편평한 입자로 된다. 탄소 망면 사이가 벗겨지기 쉽기 때문이다.

보통 탄소 재료는 피치코크스 입자와 피치를 사용하여 만든다. 가열하여 연화시킨 피치에 코크스 입자를 첨가하여 잘 섞는다. 이어서 아래위에서 가압하거나 또는 구멍에서 밀어내어 모양을 만들고, 최후에 탄소화나 흑연화 처리를 한다. 그러나 성형할 때 힘을 가하는 방법에 따라 편평한 코크스 입자는 특정한 방향으로 배향하고, 이 배향 구조가 탄소화나 흑연화한 후에도 남는다.

배향성이 없는 등방성 탄소 재료를 만들려면 〈그림 3-8〉과 같은 특별한 성형법이 필요하다. 그 하나가 정수압(hydrostatic pressure) 성형법이다. 코크스 입자와 피치를 잘 섞은 후 고무 자루에 채워 넣고 그것을 액체 속에서 가압하여 성형한다. 액체 속이므로 고무 속의 시료는 모든 방향에서 같은 힘으로 가압된다. 이 때문에 코크스 입자는 배향하지 않는다.

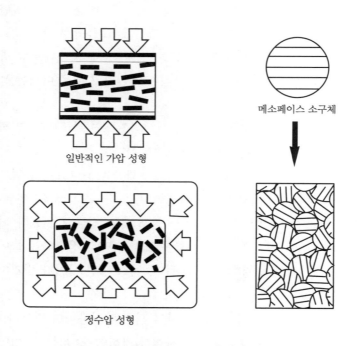

일반적인 가압 성형

메소페이스 소구체

정수압 성형

〈그림 3-8〉 고밀도 등방성 탄소 재료의 두 가지 제조법

또 하나의 방법은 메소페이스 소구체를 원료로 사용하는 방법이다. 메소페이스 소구체가 석출한 피치는 〈그림 2-5(a)〉와 같다. 피치에 유기 용매를 가하여 소구체 이외의 부분을 녹이고 소구체만 잡아낸다. 이 소구체를 아래위에서 가압하거나 구멍으로 밀어내어 성형한다. 각 입자 속의 탄소 망면은 그림과 같이 배향한다. 그러나 무수한 소구체로 구성된 탄소 재료 속에서 개개의 입자의 방향은 제멋대로이다. 제품 전체로 보면 등방성이다.

여기서 고밀도 등방성 탄소 재료의 용도를 살펴본다. 이 재료로 만든 몇 가지 제품을 〈그림 3-9〉에 보기로 들었다. 고밀도 등방성 탄소 재료는 반도체 제조용 히터(그림 a)와 도가니(그림 b), 가열하면서 압축 성형하는 핫프레스 용기(그림 c), 방전 가공용 전극, 모터의 브러시 등 다양한 곳에 쓰이고 있다.

같은 굵기로 깎은 한 탄소봉에 전기를 흘렸다고 가정해 보자. 탄소봉은 점차 뜨거워지기 시작한다. 탄소 미소 결정의 망면에 평행한 방향은 수직 방향보다 훨씬 전기가 잘 흐른다는 것을 상기하기 바란다.

탄소 재료 속을 같은 세기의 전기가 흐른다고 하면, 전기가 흐르기 힘든 곳의 온도가 높아진다. 따라서 탄소 미소 결정은 탄소봉에 평행으로 배열한 부분에 비해서 수직으로 배열한 부분의 온도가 높아지고 탄소봉의 온도는 불균일하게 된다. 등방성 재료라면 이러한 현상은 발생하지 않는다. 히터와 방전 기공용 전극에 고밀도 등방성 재료를 사용하는 이유의 하나도 바로 여기에 있다.

〈그림 3-4〉에서 설명한 원자로용 흑연도 고밀도 등방성 탄소 재료로 만들고 있다. 치밀하고 기계적으로 강한 것도 중요하지만, 이방성이 없는 것도 또한 중요하기 때문이다.

노심은 탄소 육각주를 틈새 없이 겹쳐 쌓아 만든다. 노심의 온도가 높아지면 탄소 육각주가 팽창한다. 탄소 미소 결정의 망면에 평행한

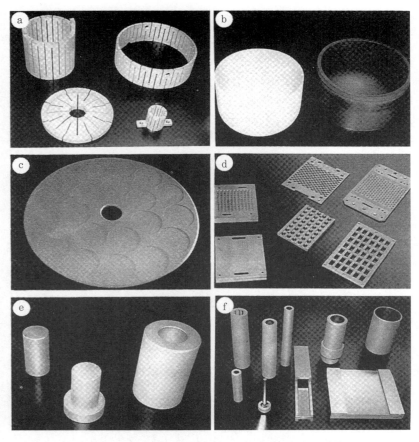

〈그림 3-9〉 고밀도 등방성 탄소 재료로 만든 각종 제품

방향과 수직 방향의 팽창 정도는 크게 다르다. 개개의 탄소 육각주에 따라 또는 탄소 육각주 내의 장소에 따라 열팽창의 크기가 다르면, 겹쳐 쌓은 탄소 기둥 사이에 틈새가 생기거나 심한 경우 일그러져 기둥이 붕괴한다. 등방성 재료라면 이러한 문제는 발생하지 않는다.

3.5. 제품 형상에 따라 변하는 성질

3.5.1. 0차원 탄소 재료에서 3차원 탄소 재료로

제품의 형상에 따라서도 성질은 변한다. 탄소 재료에는 0차원에서 3차원 형상까지 제품이 갖추어져 있다고 한다.

0차원은 점이다. 탄소 재료를 가지고 말한다면, 우선 점처럼 아주 작은 카본 블랙이라고 하는 미세한 입자를 꼽을 수 있다. 입자가 작아짐에 따라 전체 부피에 대한 표면의 비율이 커지므로 표면을 이용하기에 적합하다. 또 다른 재료 속으로 균일하게 분산시키기에도 안성맞춤이다.

자동차의 고무 타이어가 검은 것은 고무에 카본 블랙을 분산시켰기 때문이다. 이렇게 하지 않으면 타이어는 바로 마모되고 만다. 검은 잉크도 카본 블랙으로 만든다. 묵객들이 사용하는 고품질의 먹은 소나무 뿌리에서 얻는 송근유(松根油)를 태웠을 때 발생하는 그을음을 모아 아교로 굳혀서 만든다. 이 그을음도 말하자면 카본 블랙이다.

1차원은 선이다. 바로 탄소 섬유를 1차원인 선이라고 할 수 있다. 굵기가 거의 10마이크로미터(μm : 100만 분의 1m) 정도의 가느다란 탄소 섬유는 유연하여 굽힐 수도 있다. 이 성질을 유연성(flexible)이라고 한다. 유연성은 탄소 섬유를 사용하는 데 있어서 매우 중요한 성질이다. 이 성질이 없으면 탄소 섬유를 사용한 골프채나 라켓 등은 만들 수 없을 것이다.

유연성은 재료를 가늘게 하면 나타나는 일반적인 성질이다. 특별히 탄소 재료에서만 나타나는 것은 아니다. 세라믹스도 단단하고 부서지기 쉽지만 가늘게 뽑으면 구부릴 수 있다. 유리병과 유리 섬유의 차를 상기하기 바란다.

2차원은 면이다. 필름으로 뽑은 탄소 재료는 2차원인 면이다. 어떤

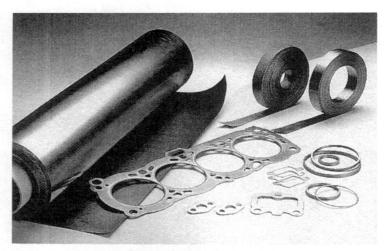

〈그림 3-10〉 흑연 필름과 그 제품

화학적 방법을 사용하면 겹쳐 쌓인 흑연의 적층 구조를 벗겨 낼 수 있다. 벗겨 낸 상태의 흑연은 크게 부풀어지므로 팽창 흑연이라고도 한다. 팽창 흑연을 두 평판 사이에 끼워서 세게 누르면 그래포일이라고 하는 흑연의 판이나 필름을 만들 수 있다. 〈그림 3-10〉에 흑연 필름 제품의 예를 보였다.

그래포일 속의 탄소 망면은 필름 면을 따라 배향하고 있으므로 탄소 망면 사이가 미끄럽고 유연성도 나타난다. 그래포일은 고온과 약품에 강하고 또 탄력성도 좋다. 그래서 그림과 같은 모양으로 오려 내어 자동차와 산업 기계 등의 엔진 연소실에 가스를 주입하거나 연소 가스를 배출하는 곳에 실제로 사용하고 있다.

끝으로 3차원은 블록이나 공이다. 인조 흑연 전극, 목탄과 같은 탄소 재료는 3차원 재료이다. 3차원 탄소 재료는 유연성이 없다. 오히려 딱딱한 강직성만을 나타낸다. 과거에 개발된 대부분의 탄소 재료는 3차원 재료이다.

3.6. 기타의 구조와 조직

3.6.1. 세공 탄소 재료의 용도

지금까지 설명한 것 외에도 탄소 재료의 성질을 변화시킬 수 있는 구조가 몇 가지 더 있다. 그중에서 현재 가장 큰 관심을 갖는 것이 프랙탈 차원의 세공(細孔)이다. 많은 세공을 가진 탄소 재료 중의 한 가지가 활성탄이다.

활성탄은 에너지 문제, 환경 문제 등과 밀접한 관계가 있다. 여기서 탄소 재료의 세공 구조와 성질 관계, 그 성질을 활용한 응용 분야를 간단히 알아보기로 한다.

탄소 재료에 다수의 세공을 뚫으려면 탄소를 1,000℃ 가까운 수증기나 탄산가스 속에서 부활시켜야 한다. 이렇게 하는 것은 세공을 만들기 위해 고생해서 만든 탄소 재료를 절반이나 태워 버리는 것이므로 아깝다는 마음도 없지 않지만, 달리 적당한 방법이 없으므로 활성탄을 현재도 이 방법으로 만들고 있다.

활성탄의 원료는 야자 열매껍질을 주로 사용한다. 야자 껍질로 만든 숯을 부활시켜 만든 활성탄이 야자 껍질 활성탄이다. 냉장고 속에 넣는 탈취제도 대부분 활성탄이다. 석탄도 활성탄의 중요한 원료이다.

활성 탄소 섬유는 난흑연화성 탄소 섬유를 1,000℃ 정도에서 부활하여 만든다. 활성 탄소 섬유의 세공 구조는 야자 껍질 활성탄 등의 입상(粒狀) 활성탄과는 매우 다르다. 〈그림 3-11〉에 세공 구조의 모식도를 보였다.

야자 껍질 활성탄의 입자 표면에는 미크로 구멍이라고 하는 50nm 이상의 상당히 큰 구멍이 뚫려 있고, 그 앞에 2~50nm의 메소 구멍, 다시 그 끝에서 2nm 이하의 미크로 구멍이라고 하는 매우 작은 구멍이 많이 발달하고 있다.

(a) 입상 활성탄 (b) 활성 탄소 섬유

〈그림 3-11〉 입상 활성탄과 활성 탄소 섬유의 세공 구조

활성탄의 성능을 평가하는 데 있어서는 비표면적이라는 용어가 사용된다. 이것은 1g 무게의 활성탄이 지닌 표면적의 크기를 이른다. 비표면적의 크기를 결정하는 것은 주로 미크로 구멍의 발달 정도이다.

〈그림 3-11〉을 보아서도 알 수 있듯이, 활성 탄소 섬유는 마크로 구멍이나 메소 구멍보다는 미크로 구멍이 잘 발달한 구조를 하고 있으므로 비표면적도 크다. 야자 껍질 활성탄과 같은 입자 모양의 활성탄의 비표면적이 1,000㎡/g 정도인 데 비하여, 활성 탄소 섬유의 비표면적은 그 2배 또는 3배나 크다.

활성탄이 다른 물질을 흡착하는 것은 주로 미크로 구멍의 표면이다. 비표면적의 크기가 활성탄에 흡착하는 물질량을 나타내는 하나의 척도이다. 활성탄의 또 하나의 중요한 성질은 흡착 속도이다.

야자 껍질 활성탄의 경우 흡착하는 물질은 마크로 구멍, 메소 구멍을 통과하여 미크로 구멍 표면에 도달하여 흡착한다. 이에 비하여, 활성 탄소 섬유에서는 섬유 표면에서 직접 미크로 구멍에 흡착된다. 활성 탄소 섬유의 흡착 속도는 야자 껍질 활성탄보다 훨씬 크다. 활성 탄소 섬유는 직물로 할 수도 있으며 날리지도 않으므로 다루기도 쉽다.

흡착하는 것의 크기가 크면 미크로 구멍에 들어갈 수 없다. 이런 때는 대량의 메소 구멍을 가진 활성탄이 바람직하다. 하지만 메소 구멍만을 선택적으로 만드는 부활법은 아직 개발되어 있지 않다.

입자상 활성탄의 주요 용도는 악취 제거와 수돗물 정화이다. 같은 정수에서도 활성 탄소 섬유는 주로 소형 가정용 정수기에 사용하고 있다. 위에서 지적한 성질 외에도 대량으로 사용하기에는 값이 비싸기 때문이다.

이 밖에 활성 탄소 섬유는 공기 정화기, 가스 마스크, 전기 이중층 축전기와 공장에서 배출되는 유기 용매 기체 회수 장치 등에 사용되고 있다.

3.6.2. 다시 각광 받는 목탄

과거에 목탄은 주요한 에너지원이었다. 50년 전만 해도 우리나라에서 목탄이 많이 생산되었지만, 현재는 목탄을 생산하는 곳이 예전 같지 않다. 그런데 요즘 목탄의 용처가 새롭게 개척되고 있다. 토양 개선재로서의 용도도 그 하나이다.

〈그림 3-12〉에서 보는 바와 같이, 목탄에는 큰 구멍의 세공 구조가 발달해 있다. 이 구멍으로 인해 보수성(保水性), 조습성(燥濕性), 통기성 등이 좋아 흙 속의 미생물이 증식할 수 있는 좋은 환경을 만들어 주어 작물의 수확량이 늘어난다고 한다. 특히 원예 분야에서 목탄의 가치를 재발견하고 있다. 이를테면, 아마존 강의 쓸모없는 토양도 비옥한 땅으로 바꾸는 데 목탄을 사용할 수 있음을 알아내었다.

뛰어난 조습성을 활용하여 방바닥용 조습재로 사용하며, 냄새 제거와 원적외선 발생으로 쾌적한 수면을 촉진하기도 하여 매트나 베갯속으로도 사용한다. 또 위장에 문제가 있는 사람에게 건강 기능 식

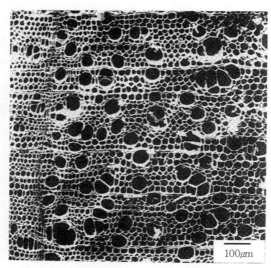

〈그림 3-12〉 목탄의 세공 구조

품으로 숯 비스켓 형태로 사용한 적도 있다. 지금은 소화를 돕기 위해 숯가루를 정제나 캡슐로 만들어 소비하기도 한다.

아프리카에 사는 붉은 콜로부스원숭이는 스스로를 치료할 목적으로 숯을 먹는다는 것이 발견되었다. 시안화물이 많이 들어 있는 잎사귀를 먹으면 소화가 되지 않으나 숯을 먹으면 시안화물을 흡수하여 소화에 도움이 된다는 것을 어떻게 알아냈을까? 자연에서 스스로 터득한 이런 지식을 어미는 자기 새끼에게 전수하고 있는 것을 원숭이를 연구하는 사람들이 발견해 내었다.

최근 일본에서는 돼지가 숯 분말을 즐겨 먹는 모습이 TV로 방영된 적이 있다. 〈그림 3-13〉에 이를 보였다. 돼지가 목탄을 먹으면 건강에 도움이 되고 생육 상태도 양호하다는 것이 해설자의 설명이었다. 이렇듯 생각지도 못했던 곳에서 탄소 재료가 사용되고 있음을 알 수 있다.

〈그림 3-13〉 돈사에서 숯가루를 먹는 돼지

3.6.3. 검은 유리

활성탄과는 완전히 반대로, 세공이 없는 탄소 재료도 개발되었다. 바로 유리 모양 탄소이다. 이 구조에 대해서는 이미 설명한 바 있다. 유리 모양 탄소를 만들기 위하여 먼저 열경화성 수지를 거푸집에 주입하고 서서히 가열하여 굳힌다. 그리고 열경화한 수지 성형품이 연소되지 않도록 질소 가스를 주입하여 서서히 탄소화한다. 서서히 처리하는 데에는 이유가 있다. 열경화나 탄소화 초기에 열경화성 수지에서 대량의 가스가 발생하여 부피가 크게 수축하며, 성형품 속에 가스가 가두어져 있거나 또는 일그러짐이 발생하면 쉽게 깨지기 때문이다.

두꺼운 제품일수록 이러한 경향이 강하기 때문에 두께가 5mm 이상인 유리 모양 탄소 제품을 만드는 것은 매우 어렵다고 한다. 서서히 열경화시키면서 탄소화하는 이유는 이러한 문제의 발생을 가급적 피하기 위해서이다. 탄소화는 1개월, 긴 것은 2개월에 걸쳐서 한다.

이만큼 세심한 주의를 기울여도 어쩔 수 없이 작은 기공이 남을 수 있다. 경화나 탄소화 초기의 반응으로 발생한 물이 물방울이 되고 그 물방울이 빠져나간 자리가 기공이 되는 것으로 생각한다.

작은 기공이라도 사용 용도에 따라서는 큰 문제가 발생한다. 그래서 세공이 전혀 없는 유리 모양 탄소를 만드는 방법이 개발되었다. 그 하나는 물과 성질이 맞는 열경화성 수지를 원료로 사용하는 방법이다. 이 수지를 사용하면 반응에 의해서 생성된 물은 수지 속에 미세하게 분산되어 물방울을 만들지 않아 유리 모양 탄소 속에는 세공이 잔존하지 않는다. 다른 하나는 만들어진 유리 모양 탄소를 고온·고압 아래서 압축하여 힘껏 세공을 눌러 없애는 방법이다.

유리 모양 탄소는 구조가 균일하며 가스를 거의 통과시키지 않는다. 그 성질은 유리와 일반 인조 흑연 재료의 바로 중간이다. 연마한 유리 모양 탄소의 표면은 검은 거울과 같다. 개발 당초 평탄하고 치밀한 구조를 강조하기 위해 유리 모양 탄소로 LP 레코드를 만든 적도 있었다. LP에 미세한 구멍이 있다고 하면 레코드 바늘이 구멍에 부딪쳐 잡음이 생기므로 명곡도 음질이 떨어지게 된다.

유리 모양 탄소가 개발된 것은 1957년인데, 원자로 관련 분야에서 사용하는 치밀한 탄소 재료의 개발이 목적이었다. 그 특이한 성질로 인해 그 후의 발전이 기대되었지만 그다지 두드러진 움직임은 볼 수 없었다. 최근 이 재료가 다시 주목을 받게 된 것은 반도체 공업의 발전과 밀접한 관련이 있다.

유리 모양 탄소 제품을 〈그림 3-14〉에 보기로 들었다. 고밀도 등방성 탄소 재료와 마찬가지로 막대나 관 형태 외에 반도체 제조용 도가니 등이 중심이었다. 또 반도체 제조 공정에는 플라스마로 처리하는 과정이 있는데, 플라스마 발생용 전극이 유리 모양 탄소로 만들어지고 있기 때문이다.

〈그림 3-14〉 각종 유리 모양 탄소 제품

　유리 모양 탄소로부터는 미분말이 발생하지 않는 것도 이와 같은 용도에는 중요한 성질이 된다. 이제까지의 탄소 재료에서는 생각할 수 없었던 성질이다. 최대 관심사는 무엇보다 유리 모양 탄소를 사용한 컴퓨터 하드 디스크 기판이다. 한때 영국에서 상품화하였다는 소문도 있었지만, 지금은 사용되고 있지 않는 것으로 알고 있다. 그러나 연구는 활발하게 진행되고 있다. 여기서는 유리 모양 탄소의 가벼움, 평면의 평탄함, 적당하게 낮은 전기 저항, 내열성 등의 성질이 사용되고 있다.

　지금까지 설명한 바와 같이, 탄소 재료의 성질은 구조와 조직을 다양하게 바꿈으로써 제어할 수 있다. 현재 사용하고 있는 탄소 재료는 여러 가지 구조와 조직을 잘 조합하여 만든 것이다. 예를 들면, 어떤 구조를 바꾸면 A와 B의 상반된 두 성질이 나타나고, 또 다른 구조로 변경하면 C와 D의 두 성질만이 나타난다고 하자. 양쪽 구조를 조합하면 AC, AD, BC, BD의 4가지 성질을 가진 재료를 만들 수 있다. 또 다른 구조를 제어하여 상반되는 두 성질이 나타난다고 하면, 세 가지 구조를 조합함으로써 성질이 다른 8가지 재료를 얻을 수 있다.

탄소 재료가 다양한 성질을 나타내는 것은 성질을 변화시킬 수 있는 구조와 조직을 비교적 많이 지지고 있기 때문이다. 단 한 종류의 원소만으로 구성되어 있는 재료이면서 이토록 특이한 성질을 지닌 재료는 탄소 재료 말고는 없을 것이다.

3.7. 복합 재료

특정 성질을 지닌 재료를 만들기 위해 물리 화학적 성질이 뚜렷하게 다른 복수의 물질이나 재료를 가공하는 방법이 있다. 이러한 방법을 복합화라 하고, 얻어지는 재료를 복합 재료(composite materials)라고 한다.

탄소 재료는 복합 재료 분야에서 가장 매력적인 재료 중의 하나이다. 이제부터 탄소 복합 재료에 관해서 살펴보기로 한다.

3.7.1. 미크로 복합화

(가) 다른 물질을 삽입한 흑연

흑연의 결정 구조를 다시 상기해 보자. 질서 정연하게 겹쳐 쌓인 탄소 망면 사이에 다른 물질을 삽입할 수 있다. 이때 흑연을 호스트 화합물, 삽입하는 쪽을 게스트 화합물이라고 한다. 이렇게 해서 생긴 생성물을 흑연 층간 삽입 화합물(graphite intercalation compounds)이라고 한다.

〈그림 3-15〉는 칼륨 원자를 삽입한 흑연의 모형이다. 흑연 외에 층간 화합물, 예컨대 점토 광물 등은 층간 화합물을 만드는 것으로 알려져 있다.

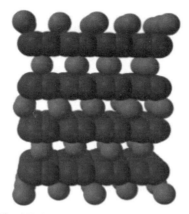

〈그림 3-15〉 칼륨 원자를 삽입한 층간 삽입 화합물의 모형

　게스트 물질은 그 농도에 따라 흑연 구조의 3층 간격(제4 스테이지), 2층 간격(제3 스테이지), 전층 간격(제1 스테이지) 식으로 삽입하는 등 방법은 다양하다. 물질은 (　　) 안에 기록한 스테이지 수로 호칭한다.

　〈그림 3-16〉에 여러 스테이지 생성을 도시적으로 설명해 놓았다. 게스트 물질의 종류와 스테이지 수에 따라 흑연 층간 화합물의 색깔도 여러 가지로 변한다. 선명한 금색 빛으로 되는 수도 있다.

　흑연 층간 삽입 화합물은 구조식이 XCy인 복잡한 물체이다. 여기서 원소나 분자 X가 흑연 층 사이에 삽입된다. 이러한 종류의 화합물에서 흑연 층은 거의 변하지 않으면서 게스트 분자나 원자가 층 사이에 삽입된다. 호스트인 흑연과 게스트인 X가 전하 이동으로 상호 작용하면서 동일 면으로 전기 전도도가 일반적으로 증가한다.

　상업용 리튬 이온 전지는 가역 전하 저장 메커니즘으로서 바로 이 과정을 이용한 것이다. 이에 관해서는 뒤에서 상세하게 설명할 것이므로, 여기에서는 결과만 간단하게 소개하기로 한다. 리튬 이온 전지의 음극 재료로서 흑연을 사용한다. 흑연 층간을 삽입한 리튬 이온이

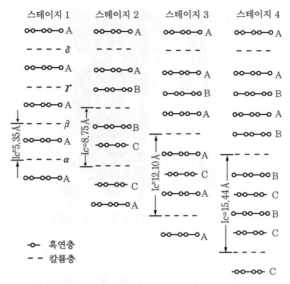

스테이지 1 　　 스테이지 2 　　 스테이지 3 　　 스테이지 4

-o- 흑연층
- - 칼륨층

〈그림 3-16〉흑연 층간 삽입 화합물의 스테이 현상을 설명하는 도표[1]

이동하면서 전하가 흐른다. 흑연 층간에 보다 많은 리튬 이온을 넣을
수 있다면 전지는 그만큼 더 많은 전기를 만들어 낼 수 있다.

　게스트가 흑연 층과 공유 결합하면 전도도는 줄어든다. 예컨대 플
루오르 이온이나 산화 이온을 삽입하면 이들은 흑연 층과 공유 결합
하면서 sp^2 콘주게이션 계를 파괴하기 때문이다.

　층간 화합물의 구조 변화와 더불어 여러 가지 성질도 나타난다.
〈표 3-2〉는 흑연 층간 화합물의 응용 가능성을 종합한 것이다. 하지
만 이처럼 많은 가능성을 가지고 있으면서도 흑연 층간 화합물은 거
의 실용화되어 있지 않다. 이유는 명백하다. 흑연 층간 화합물은 대
기 중에서 매우 불안정하여 곧 붕괴하기 때문이다.

　흑연 층간 화합물 실험은 유리관에 넣어서 한다. 층간 화하물의 층

---

1) Advances in Physics, 2002, Vol. 51, No. 1-186.

〈표 3-2〉 흑연 층간 삽입 화합물의 응용 가능성

용 도	재 료	게스트 화합물
도전재	높은 도전재	AsF_5, SbF_5
	초전도체	K, Rb, Cs
촉 매	중 합	K, Li
	할로겐화	Br_2, $SbCl_5$, AsF_5
	암모니아 합성	K, $K-FeCl_3$
가스 저장	H_2 저장	K
농 축	D_2 농축	K

간에 복수의 화합물을 넣어 안정화시키는 연구도 진행되고 있지만, 아직은 좋은 결과를 좀처럼 얻어 내지 못하고 있다.

(나) 흑연 격자의 탄소 원자 바꾸기

앞에서 설명한 흑연 층간 삽입 화합물과는 다른 미크로 탄소 복합 재료도 있다. 흑연 탄소 격자 중의 일부 탄소 원자를 질소 원자나 보론(붕소) 원자로 도핑(doping)한 복합 재료이다. 이러한 화학적 도핑은 호스트 물질의 성질을 본질적으로 변형하기 위한 효과적인 방법이다.

〈그림 3-17〉은 흑연 격자의 탄소 원자가 질소 원자로 치환된 여러 가능한 구조를 보여 주고 있다. 이에 관한 연구는 아직 시작 단계에 불과하지만 이미 흥미로운 결과가 보고되고 있다. 두 가지를 소개한다.

흑연 격자의 탄소 원자 중 수 %를 보론 원자로 도핑한 계의 전기화학적 측정에서 음극으로 사용한 결과 리튬 이온 전지의 전기 용량이 순수한 흑연의 경우보다 약 15% 향상되는 것으로 보고되었다. 이러한 향상은 보론에 의한 흑연화 정도가 강화되면서 리튬 이온의 방전 능력이 증가된 것으로 설명하였다. 즉, 리튬 이온은 순수한 흑연

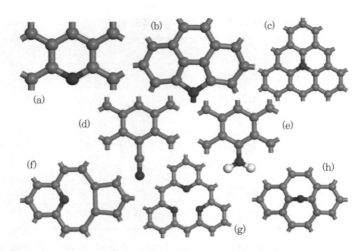

그림에서 검은 원자가 질소이다. (a) 유사 피라딘 N, (b) 피롤형 질소(질소가 sp^3 좌표로 남아
있는 다른 피롤 형태도 가능), (c) 질소가 치환된 흑연, (d) 니트릴 $-C{\equiv}N$, (e) $-H_2$, (f) 피리딘
N이 빈 착물, (g) 피리딘 N_3이 빈 착물, (h) 침입형 질소

〈그림 3-17〉 흑연 골격에 들어 있는 N에 대한 가능한 결합 형태

층보다 보론으로 일부 탄소가 도핑된 계에 쉽게 삽입될 수 있다는 것
이다.

컴퓨터를 이용한 계산에서도 보론 원자 가까이에 리튬 이온이 삽
입되기 쉽다는 것이 밝혀졌다. 또한 흑연 격자에 보론을 가하여 모재
(母材)의 성질을 제어하면 흑연의 산화 저항도 개선되는 것으로 보고
된 바 있다. 이러한 산화 저항의 효과는 흑연 표면에 흐르는 전자 밀
도 변화와도 관련되어 있는 것으로 본다.

흑연 격자를 질소로 도핑하여 만든 복합 재료는 다이아몬드와 흡
사한 흐트러진 구조 속에 질화 탄소라고 하는 단단한 화합물의 미결
정이 분산되어 있다. 그 결과 매우 단단한 막을 만든다. 이러한 막으
로 공작 기계의 칼날을 피복하면 날의 수명은 월등하게 늘어날 것으
로 생각된다.

최근 이 막이 또 다른 재미있는 성질을 나타내는 사실이 알려졌다. 막에 그다지 높은 전압을 걸지 않아도 막 표면애서 전자가 튀어나온다. 제2부 4.2절에서 상세하게 설명하겠지만, 현재 탄소 나노튜브를 사용하여 벽걸이 TV를 만드는 연구가 진행되고 있다.

그뿐만이 아니다. 질소로 도핑한 2차원 탄소 복합 재료는 생체 전자 장치와 바이오센서에도 매혹적으로 응용된 사례가 발표된 바 있다.[2]

3.7.2. 마크로 복합화

미크로 복합 재료에 반하여, 마크로 상태로 조합한 복합 재료도 만들고 있다. 잘 알려진 것이 탄소 섬유 강화 복합 재료이다. 탄소 섬유만으로는 정연한 모양을 만들기가 쉽지 않다. 그래서 탄소 섬유를 다른 재료로 굳히거나 또는 다른 재료 속에 탄소 섬유를 섞어 넣어서 성형한다.

탄소 섬유를 강화재 또는 골재라 하고, 굳히는 쪽 재료를 모재(母材)라고 한다. 이와 같은 복합 재료는 탄소 섬유의 우수한 성질을 이어받는다. 탄소 섬유 강화 복합 재료가 가볍고 강한 원인은 이 때문이다.

(가) 탄소 섬유 강화 복합 재료 CFRP

가장 일반적인 탄소 섬유 강화 복합 재료는 탄소 섬유를 플라스틱으로 굳힌 CFRP이다. 이것은 유리 섬유로 보강한 복합 재료 등에 비해서 가볍고 강하다. 생산 기술이 개선되면서 생산 비용과 시간을 줄일 수 있게 되어 소형 소비재에도 적용할 수 있게 되었다. 예컨대 랩톱, 삼발이, 낚싯대, 양궁, 라켓 틀, 현악기 줄, 북, 골프채, 당구 용품 등 다양하다.

---

2) *ACS Nano*, 2010, 4 (4), pp 1790~1798.

〈그림 3-18〉 탄소 섬유 강화 플라스틱(CFRP)의 용도

　독자들 중에는 CFRP로 만든 제품을 사용하여 본 사람도 많으리라 믿는다. 〈그림 3-18〉에 CFRP를 사용한 몇 가지 제품 예를 들었다.

　〈그림 3.19〉는 CFRP와 다른 재료의 기계적 성질을 비교한 것이다. CFRP는 인장 강도와 굽힘 강도 모두 다른 재료에 비하여 훨씬 크다. CFRP가 선진 복합 재료 또는 첨단 복합 재료로 칭찬을 받는 이유도 이 때문이다. 우주 탐사선뿐만 아니라 민간 여객기와 전투기에 사용되는 CFRP로 만든 부품은 해마다 착실한 증가세를 기록하고 있다.

　이렇게 우수한 재료를 자동차에도 사용할 수 있다면 경량화할 수

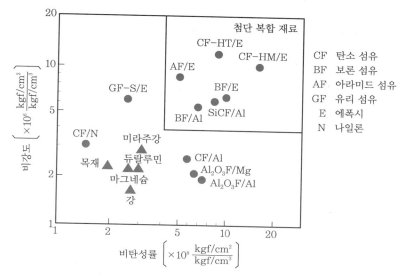

〈그림 3-19〉 각종 재료의 단위 중량당 기계적 성질

있어 연비 향상에 기여할 수 있을 것이다. 그러나 경주용 자동차에서 보듯 비용보다도 성능이 중시되는 곳에서는 문제가 없지만, 보통 자동차에 사용하려면 아무래도 비용이 문제가 된다.

일본에서는 고베(神戸) 대지진으로 빌딩과 고속 도로의 붕괴 사고가 크게 발생하자 CFRP로 만든 틀을 사용하여 터널을 보강하고 또 CFRP를 굴뚝에 감는 보강 공사를 하기도 했다. 〈그림 3-20〉은 그 공사 모습이다.

(나) 스페이스 셔틀의 모자

탄소 섬유를 탄소 모재로 굳힌 복합 재료가 탄소/탄소 복합 재료이다. 탄소 섬유를 피치나 열경화성 수지로 굳힌 다음 탄소화하여 만든다. 그러나 탄소화한 후에 복합 재료 속에 공극이 남아 충분한 강도를 발휘하지 못한다. 일반적으로는 피치나 수지의 함침과 탄소화를 여러 번 반복하여 공극을 메운다.

〈그림 3.20〉 탄소 섬유 강화 플라스틱제 프레임을 사용한 터널 보강 공사 모습

〈그림 3-21〉을 보기 바란다. 이 복합 재료의 특징은 고온이 되어도 기계적 강도가 떨어지지 않는 점이다. 스페이스 셔틀이 우주에서 임무를 마치고 지구로 귀환할 때 대기권에 돌입하면 공기와의 마찰로

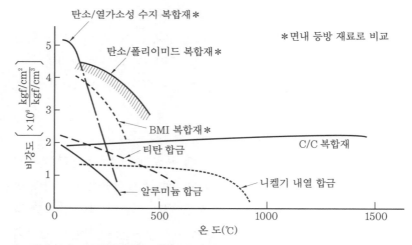

〈그림 3-21〉 대표적인 항공·우주 재료의 단위 중량당 강도(비강도와 온도의 관계)

〈그림 3-22〉 스페이스 셔틀의 탄소 섬유 강화 탄소 복합 재료 사용 부분(검은 부분)

셔틀은 무서운 고온과 강한 마찰력을 받는다. 특히 〈그림 3-22〉에 보인 셔틀의 검은 색깔 부분은 가혹한 환경에 노출된다. 그러한 환경에 견딜 수 있는 재료는 탄소/탄소 복합 재료를 제외하고는 없다.

긴 여행을 끝낸 항공기가 활주로에 착륙한 후에는 가급적 짧은 거리를 주행하여 정지하지 않으면 안 된다. 이때 제트 엔진을 역분사하게 되는데, 그래도 좀처럼 스피드는 떨어지지 않는다. 사실은 항공기에도 브레이크가 있다. 그러나 심한 고온과 마찰력으로 인하여 보통 재료로는 도저히 견디지 못하므로 이곳 역시 탄소/탄소 복합 재료가 사용되고 있다.

그뿐만이 아니다. 고속 경주용 자동차 브레이크에도 탄소 복합 재료가 사용된다. 〈그림 3-23〉은 이탈리아제 페라리 경주용 자동차의 브레이크이다.

원자력 다음의 에너지원은 핵융합이라고 한다. 그러나 최근의 상황을 보면 아직은 실현 가능성이 요원한 것 같다. 핵융합 반응이 일어나려면 섭씨 수억 도의 초고온이 필요하며, 이때 중성자, α 입자 등의 여러 가지 입자가 튀어나온다. 이들 입자가 밖으로 누출되지 않

〈그림 3-23〉 페라리 F430 경주용 자동차에 장착되어 있는 강화 탄소 재료로 만든
브레이크 디스크 (출처 : Wikipedia)

〈그림 3-24〉 핵융합로의 내부(벽면의 패널이 탄소 섬유 강화 복합 재료)

도록 봉쇄하는 것이 〈그림 3-24〉의 격벽이다. 이 격벽은 심한 고온과 입자에 의한 침식 작용을 받는다. 따라서 탄소/탄소 복합 재료는 벽 재료의 유력 후보로 떠오르고 있다.

샤프펜슬 심도 탄소/탄소 복합 재료라는 것을 설명한 바 있다. 다만 탄소 섬유 대신에 천연 흑연이 사용되고 있다. 가열하여 유연하게 한 수지와 흑연 입자를 잘 섞은 다음, 흑연의 적층 구조를 가급적 벗겨 내어 미세하게 분산시킨다. 그리고 작은 구멍으로 뽑아내어 가는 선을 만든다. 소정의 길이로 절단한 후 구부러지지 않도록 하면서 건조한 후 탄소화하면 샤프펜슬 심이 완성된다. 벗겨 낸 흑연 층을 탄소로 응고시킨 샤프펜슬 심은 어엿한 탄소/탄소 복합 재료이다. 0.5mm에 불과한 샤프펜슬 심이 강한 것은 이 복합 재료의 구조에 비밀이 있다.

스프링을 만들기 위하여 아직 유연한 상태의 가느다란 선을 둥근 굴대에 감는다. 그대로 탄소화한 연후에 굴대를 제거하면 〈그림 3-25(a)〉와 같은 탄소제 스프링이 만들어진다. 탄소 스프링은 가볍고 피로하지 않을 뿐만 아니라 우주선에도 강하다. 탄소로 만든 이 스프링은 스페이스 셔틀 '엔테버'의 결정 성장 실험에 사용되었다.

(a) 스프링   (b) 스피커의 진동판

〈그림 3-25〉 흑연 강화 탄소 복합 재료로 만든 스프링과 스피커의 진동판

수지와 흑연 입자를 섞은 후에 주발 모양으로 가압 성형하여 탄소화하면 탄소/탄소 복합 재료의 주발이 만들어진다. 이 주발은 스테레오 진동판으로 사용되는데, 소리가 맑은 것이 특징이다. 〈그림 3-25(b)〉에 스피커 진동판의 예를 보였다.

(다) 휘어지는 시멘트

〈그림 3-26〉은 길다란 탄소 섬유의 다발을 시멘트로 굳힌 복합 재료의 휨 시험(bending test)을 하는 사진이다. 시멘트는 성질상 구부리면 바로 부서진다. 하지만 탄소 섬유로 강화한 시멘트는 사진처럼 힘을 가했을 때 휘어진다. 이러한 복합 재료를 만드는 것은 그렇게 간단하지 않다. 그래서 수 mm 정도로 짧게 자른 탄소 섬유를 시멘트에 섞어 사용한다. 이 방법으로도 시멘트의 강도를 충분히 높일 수 있는데, 이 방법은 무엇보다도 대량 생산에 적합하다.

재료를 강하게 할 수만 있다면 제품을 그만큼 얇고 가볍게 만들 수 있다. 〈그림 3-27〉은 탄소 섬유 강화 시멘트 복합 재료로 만든 37층짜리 빌딩이다. 얇은 재료를 사용했으므로 실내 면적을 넓힐 수 있고, 가볍기 때문에 건설 비용도 절약할 수 있다. 탄소 섬유는 철근과는 틀려서 녹슬지 않으므로 해안 부근 건물이나 교량 건축 등에 적합

〈그림 3-26〉 탄소 섬유 강화 시멘트 복합 재료의 휨 강도 측정 시험

(출처 : http://ace-mrl.engin.umich.edu)

〈그림 3-27〉 탄소 섬유 강화 시멘트로 지은 37층 빌딩

하다.

　사무실에는 많은 컴퓨터가 설치되고, 실내 바닥에는 컴퓨터를 연결하는 회선이 깔려 있다. 최근에는 컴퓨터를 교체할 때 간혹 배선을 교체하는 모습을 목격하기도 한다. 그때마다 무거운 바닥을 뜯는 일이 결코 쉬운 일이 아니다. 그래서 프리 액세스 플로어라고 하는 탄소 섬유 강화 시멘트로 만들어진 바닥이 사무실 등에서 사용되고 있다. 이 재료는 전자파를 막아 주는 성질도 지니고 있으므로 더욱 일거양득이다.

　탄소 섬유를 사용한 복합 재료는 이 밖에도 많이 있지만, 금속이나 세라믹스를 모재로 사용한 복합 재료만큼 중요하지는 않으므로 여기서는 생략한다.

2부

첨단 기술을 열어 가는 탄소 재료

흑연과 활성탄

탄소 재료는 다양한 사용법을 통해 그때마다 첨단 기술의 일익을 담당해 왔다. 오늘날의 산업에 있어서도 탄소 재료는 필요 불가결한 재료의 하나가 되었다.

최근 탄소 재료 분야에서 새로운 구조와 조직의 출현과 함께 새로운 기능의 발현이 큰 화제가 되었다. 이 장에서는 그중 현재 실용화되어 있거나 가까운 장래에 실용화가 예상되고 기술적으로도 큰 충격을 줄 수 있는 흑연과 활성탄을 중심으로 소개한다. 미래 산업 분야에서도 흑연과 활성탄은 핵심 재료의 하나가 될 것이다.

1.1. 에너지 저장고

1.1.1. 리튬 이온 2차 전지

(가) 2차 전지란 무엇인가?

최근 전기 자동차 산업에서 자동차용 전지 생산에 큰 힘을 기울이고 있다. 한마디로 전지라고 하지만, 전지에는 종류도 많고 크기도 각양각색이다. 독자들도 전지는 모두 같다고 생각하는 사람은 없을 것이다.

전지는 크게 두 가지로 분류한다. 그 하나는 전기가 다 소모되면 쓸모없게 되는 건전지인데, 이를 1차 전지라고 한다. 그리고 1차 전지와는 달리, 전기를 다 써 버리면 재충전하여 다시 사용할 수 있는 전지도 우리 주변에는 많이 있는데, 이들 전지를 2차 전지 또는 축전지라고 한다. 비디오카메라, 노트북 컴퓨터, 휴대 전화 등에서 사용되는 것이 모두 이 2차 전지이다.

몇 해 전만 해도 휴대 전화를 하루 종일 쓰면 전기가 다 소모되어 다시 사용하려면 밤새 충전해야 하는 일이 예사였다. 그러나 최근에는 전지 성능이 크게 향상되어 며칠을 사용해도 전기가 다 소모되지 않는 것을 누구나 경험했으리라 믿는다.

초기 2차 전지는 크기에 비해서 1회 충전으로 사용할 수 있는 시간이 짧았고 충전을 거듭하면 할수록 사용 시간도 더 짧아지는 것을 경험했다. 그러나 최근의 것들은 소형이면서 사용 시간도 길 뿐만 아니라 여러 번 충전을 반복해도 성능이 떨어지지 않는다. 초기에는 니켈/카드뮴 2차 전지를 대량 사용했지만, 리튬 이온 2차 전지가 개발되면서 전지의 수명과 성능이 크게 향상되었기 때문이다.

그런데 이러한 고성능 리튬 이온 2차 전지의 가장 중요한 부분이 탄소 재료로 되어 있다는 것이다. 그러므로 탄소 재료가 리튬 이온 2차 전지의 실용화를 가능하게 하였다고 볼 수 있다.

리튬 이온 2차 전지의 개발 과정을 탄소 재료와 연관시켜 살펴보기로 한다.

(나) 전지의 원리

전지의 원리를 간단히 살펴보기로 한다. 전지에서는 A라는 물질이 화학 반응을 통해 B라는 물질로 변한다. 이때 에너지도 출입한다. 나무를 태우면 열이 나오면서 따뜻하게 되는데, 이는 나무를 구성하는 탄소 원자가 산소와 반응하여 이산화탄소로 되면서 에너지를 열로 방출하기 때문이다.

전지에서는 화학 반응을 통해 방출되는 에너지를 열 대신 전기 에너지로 잡아낸다. 물질 A가 전자를 방출하여 B라는 물질로 변하는 화학 반응을 생각하여 보자. 전기는 전자의 흐름이므로 〈그림 1-1〉과 같이 방출된 전자를 전기로 이용할 수 있다.

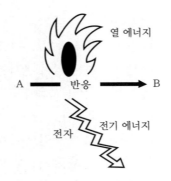

열 에너지

A — 반응 — B

전자 전기 에너지

〈그림 1-1〉 화학 반응으로 생성되는 에너지

금속 원자가 전자를 방출하여 금속 양이온이 되는 반응이 전지 원리의 기본이다. 금속 리튬 2차 전지를 예로 들어 이를 좀 더 자세히 설명해 보자. 단, 금속 리튬 전지는 리튬 이온 2차 전지와는 다른 전지이므로 혼동하지 않아야 한다.

(다) 금속 리튬 2차 전지의 원리

〈그림 1-2〉는 금속 리튬 2차 전지의 얼개 그림이다. 용액 속에 음극으로 금속 리튬 포일(foil)과 양극으로 층상 물질이 잠겨 있고 각각에서 도선이 나와 있다. 이 두 도선 사이에 파일럿 전구를 연결하였다고 하자.

리튬(Li) 금속은 서서히 전자를 내놓으면서 리튬 양이온(Li^+)으로 되어 용액 속으로 녹아 들어간다. 그리고 전자는 리튬 금속에 남는다. 이렇게 남겨진 전자는 리튬 포일에 연결된 도선을 따라 흘러가 전구를 밝힌다. 한편 용액 속으로 녹아 들어간 리튬 양이온은 맞은편 층간 물질에 흡수된다.

리튬 금속 포일에서 전자를 끌어내는 것 즉 전지를 사용하는 과정을 방전이라고 한다. 이때 전자가 나오는 쪽을 음극이라 하고, 전자가 흘러 들어가는 쪽을 양극이라고 한다.

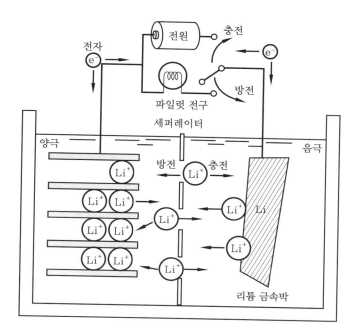

〈그림 1-2〉 금속을 음극으로 하고 있는 금속 리튬 2차 전지

　반대로, 스위치를 전구 쪽에서 전원 쪽으로 옮겨 보자. 전원은 건전지도 괜찮고 가정에서 쓰는 전기도 좋다. 방전 때와는 반대로 양극 물질에서 음극 리튬 금속 쪽으로 전자가 강제로 흐른다.

　양극 물질 층간에 있던 리튬 양이온이 용액 속으로 흘러나와 리튬 금속 포일 쪽으로 이동한다. 리튬 포일에 도착한 양이온은 전원에서 금속 포일로 보낸 전자와 결합하여 리튬 금속으로 되어 석출한다. 전자를 강제로 역방향으로 흘리는 이 과정이 곧 충전이다.

　방전 과정에서 리튬 양이온이 용액 속에 녹아 나오므로 음극의 리튬 금속 포일은 얇아진다. 한편 충전 과정에서 리튬 양이온이 다시 금속 리튬이 되어 석출하므로 금속 리튬 포일은 두꺼워진다.

　이론적으로는, 충전 과정과 방전 과정을 교대로 반복하여도 전지를 영구히 사용할 수 있다. 하지만 리튬 금속을 사용하는 2차 전지를 실용화하기 위해서는 어려운 문제가 앞을 가로막고 있었다. 그 이유를 설명하기 전에, 금속 리튬을 전극으로 사용하는 이유를 알아보자.

(라) 왜 금속 리튬인가?

음극에서 전자를 끌어내기 위해서는 음극으로 사용하는 금속이 전자를 내놓으면서 양이온으로 되어야 한다. 양이온으로 되기 쉬운 금속을 사용할수록 전자를 쉽게 끌어낼 수 있다. 즉, 전지의 전압이 높아진다.

리튬은 모든 금속 중에서 가장 이온이 되기 쉬운 금속이다. 그래서 리튬을 사용하면 고전압의 전지를 만들 수 있다. 리튬은 〈그림 1-3〉처럼 음극 금속의 슈퍼맨이다.

리튬은 원자 번호가 3이고 수소, 헬륨 다음으로 가벼운 금속이다 (제1부 〈그림 2-1〉의 주기율표를 참고). 때문에 가벼운 전자를 만들려면 리튬은 필요 불가결한 원소이다. 따라서 각국의 리튬 금속 확보를 위한 노력은 치열할 수밖에 없다.

〈그림 1-3〉 리튬은 금속의 슈퍼맨

니켈/카드뮴 전지의 음극으로는 카드뮴이라는 금속을 사용한다. 1g의 카드뮴 속에는 0.5×10^{22}개의 원자가 존재한다. 1g의 리튬 속에는 더욱 많은 9×10^{22}개의 리튬 원자가 존재한다. 1개의 리튬 원자에서는 1개의 전자를, 또 1개의 카드뮴 원자로부터는 2개의 전자를 끌어낼 수 있다. 따라서 1g당으로 보면 리튬에서는 9×10^{22}개, 카드뮴에서는 1×10^{22}개의 전자를 끌어낼 수 있다는 계산이다.

같은 무게로 비교한다면 리튬은 카드뮴보다도 9배나 많은 전자를 끌어낼 수 있다. 뿐만 아니라, 리튬 금속에서 방출되는 전자는 기세가 강하다. 리튬 금속을 사용하면 작고 가벼운 고압의 대량 전기를 저장할 수 있는 전지가 된다.

(마) 금속 리튬 2차 전지의 실패

이렇게 우수한 특성을 지닌 리튬 금속을 음극으로 사용한 1차 전지는 실용화된 지 오래되었다. 탁상용 전자계산기와 시계 등의 전원용으로 사용되고 있는 단추 모양의 전지가 바로 그것이다. 하지만 (다)에서 설명한 바와 같이, 실제로 리튬 금속을 사용하여 2차 전지를 만들려면 잘 되지 않는다.

2차 전지는 방전과 충전을 모두 할 수 있는 전지이다. 충 · 방전 때마다 리튬 금속에서 용액 속으로 리튬 이온이 녹아 나오고, 다음에 리튬 이온에서 금속 리튬으로 돌아가는 사이클이 반복된다. 여러 번 충 · 방전을 반복하는 사이에 납작한 리튬 금속 표면에 침상(針狀) 리튬 금속의 결정이 〈그림 1-4〉와 같이 석출한다.

난처한 것은 침상 리튬 금속의 결정은 쉽게 꺾여 버린다는 것이다. 떨어진 몫만큼 전지의 용량이 감소한다. 때로는 침상 결정이 길게 뻗어 양극까지 도달하여 전지 내부에서 단락을 일으키는 수도 있다. 여러 가지로 궁리한 결과 매우 뛰어난 방법이 마련되었다.

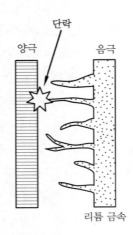

〈그림 1-4〉 리튬 금속 음극에서 뻗어 나온 침상 결정

(바) 흑연 층간 화합물을 이용한 리튬 이온 2차 전지

리튬 이온은 〈그림 1-5〉에 보인 것처럼 흑연 층간 삽입 화합물을 만든다. 이 리튬 층간 화합물에 착안한 것이 리튬 금속 포일 대신 리튬을 사용한 2차 전지 개발의 결정적 단서가 되었다.

층간 화합물을 사용한 리튬 이온 2차 전지의 구성은 〈그림 1-6〉과 같다. 방전할 때는 리튬 이온이 흑연 층간에서 빠져나와 양극 물질에 흡수되고, 반대로 충전할 때는 리튬 이온이 양극에서 흑연 층간으로 돌아간다.

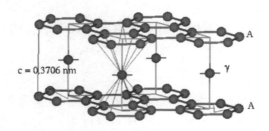

리튬 이온이 흑연 면 사이에 삽입되어 있다.

〈그림 1-5〉 흑연 층간에 리튬이 삽입된 스테이지 1 모형

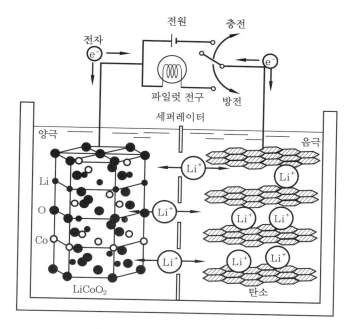

리튬 이온 2차 전지에서는 리튬 이온이 왔다 갔다 한다.

〈그림 1-6〉 리튬 이온 2차 전지

충·방전으로 리튬 이온은 양극과 음극 사이를 왕래할 뿐이다. 리튬 금속을 사용한 2차 전지처럼 리튬 원자가 이온이 되어 녹아 나오거나 금속이 되어 석출하지는 않는다. 침상의 리튬 금속 생성은 피할 수 있게 되었다.

개발된 리튬 이온 2차 전지는 예상대로 높은 성능을 보였다. 크기가 같은 정도인 다른 전지의 성능과 비교한 것이 〈표 1-1〉이다. 표를 보면 전압, 충전 용량, 충·방전을 몇 번 반복할 수 있느냐를 나타내는 사이클 수명도 모두 리튬 이온 2차 전지 쪽의 성능이 우수함을 알 수 있다.

	리튬 이온 전지	니켈/카드뮴 전지	알칼리 1차 전지
동작 전압	3.6V	1.2V	1.1V
용량	14.0Wh	4.8Wh	11.0Wh
사이클 수명	1200	800	1

한마디로 탄소 재료라고 하지만 그 구조는 다양하다는 것을 이미 설명한 바 있다. 어떤 구조의 탄소가 리튬 이온 2차 전지에 적합할 것인가? 이것은 메이커의 입장에서는 최고의 비밀이므로 상세한 것은 알 수가 없다. 그러나 아마도 고결정성 흑연계와 저결정성 탄소계의 두 가지가 사용되고 있을 것이다.

〈그림 1-5〉에 보인 흑연과 리튬 이온으로 만든 층간 화합물의 구조를 다시 한 번 살펴보자. 그림 속의 탄소 원자와 리튬 이온의 수를 세어 보면 그 비율은 6 : 1 즉 흑연 층간 화합물의 화학 조성은 LiC_6이 된다. 이 이상의 리튬 이온은 흑연 층간에 들어가지 않으므로, 흑연의 무게당 최대 충전 용량은 자연히 결정된다.

LiC_6이라는 조성으로 충전 용량을 계산하면 흑연 1g당 372mAh가 된다. 그러나 이것은 이상적인 값이지 현실적으로 이 용량을 갖는 2차 전지를 만드는 것은 어렵다. 어떻게 하여 최대 용량에 가까운 전지를 개발하느냐에 각 메이커는 치열한 경쟁을 벌이고 있다.

(사) 리튬 이온 2차 전지의 전기 화학

(바)에서 설명한 내용을, 리튬 이온 2차 전지를 세 부분의 전기 화학 반응으로 나누어 다시 한 번 살펴보자. 즉, 양극, 음극 및 전해질로 나누어 살펴보자. 양극과 음극은 리튬 이온이 출입할 수 있는 물질로 되어 있다. 리튬이 삽입되는 동안 리튬은 전극으로 움직인다.

역과정이 일어나는 동안에는 리튬은 전극에서 떨어져 나간다. 리튬을 기반으로 만든 전지가 방전되면 리튬은 양극(산화 전극)에서 떨어져 나와 음극(환원 전극)으로 삽입된다. 전지를 충전하면 역반응이 일어난다.

전지의 외부 회로를 통해 전자가 흘러야 유용한 일을 얻을 수 있다. 다음 방정식은 두 반쪽 반응으로 나누어 계수 x를 사용하여 몰 단위로 나타낸 것이다.

정반응인 음극 반쪽 반응은 다음과 같다.

$$LiCoO_2 \leftrightharpoons Li_{1-x}CoO_2 + xLi^+ + xe^-$$

그리고 양극 반쪽 반응은 다음과 같다.

$$xLi^+ + xe^- + 6C \leftrightharpoons Li_xC_6$$

음극 반응과 양극 반응을 합친 전체 반응은 다음과 같다.

$$Li^+ + LiCoO_2 \rightarrow Li_2O + CoO$$

리튬 이온 전지에서 리튬은 음극 또는 양극에서 운반되는데, $Li_x CoO_2$ 음극에서 전위 금속인 코발트는 충전하는 동안 Co^{+3}에서 Co^{+4}로 산화되며, 방전하는 동안 Co^{+4}에서 Co^{+3}으로 환원된다.

음극 물질로는 $LiCoO_2$, $LiMn_2O_4$, $LiNiO_2$, $LiFePO_4$, $LiCo_{1/3}Ni_{1/3}Mn_{1/3}O_2$, $Li(Li_aN_{ix}Mn_yCO_z)O_2$ 등이 쓰인다. 양극으로는 흑연(LiC_6), 티탄화물($Li_4Ti_5O_{12}$), 실리콘($Li_{4.4}Si$), 게르마늄($Li_{4.4}Ge$) 등이 개발·사용되고 있다.

전해질로 수용액을 사용하면 더 높은 전위를 얻을 수 있다. 리튬은 물과 맹렬하게 반응하기 때문에 사용할 수 없다. 대신 비수용액이나 비양자성 용매를 사용한다.

리튬 이온 전지에 사용하는 액체 전해질에는 $LiPF_6$, $LiBF_4$ 또는 $LiClO_4$와 같은 리튬염이 탄산에틸렌, 탄산다이메틸 및 탄산다이에

틸과 같은 유기 용매에 들어 있다. 외부 회로를 통해 전류가 흐르면 액체 전해질에서 음극과 양극 사이를 리튬 이온이 운반된다. 실온에서 액체 전해질의 전도도는 대략 10mS/cm(1S/m) 범위에 있다.

문제는 충전하는 동안 양극에서 유기 용매가 쉽게 분해된다는 데 있다. 그러나 탄산에틸렌과 같은 적당한 유기 용매를 사용하면 용매는 첫번 충전에서 분해하여 고체 전해질 인터페이스라는 고체층이 형성된다. 이 고체층이 두 번째 충전부터는 전해질 분해를 막는 이온 전도도가 충분한 안전한 절연체 역할을 한다.

(아) 저결정성 탄소를 사용한 리튬 이온 2차 전지

흑연과는 반대로, 저결정성 탄소 재료를 사용한 결과 재미있는 현상이 발견되었다. 〈그림 1-7〉을 보기 바란다. 세로축은 리튬 이온 2차 전지의 충전 용량이고, 가로축은 음극으로 사용한 탄소 재료의 결

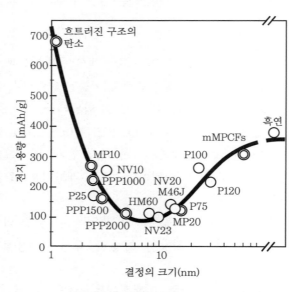

탄소의 구조가 흐트러지면 2차 전지의 용량이 증가

〈그림 1-7〉 2차 전지의 용량

정의 크기이다. 가로축의 오른쪽으로 갈수록 결정이 커지고 최종적으로는 흑연에 도달한다.

우선 가로축을 흑연에서부터 왼쪽으로 따라가면서 용량의 변화를 살펴보자. 흑연이 나타내는 이론 최대 용량인 372mAh에서 서서히 떨어진다. 그러나 어느 점에서부터는 상승으로 전환하고, 결국에는 흑연 용량보다 훨씬 큰 값을 나타낸다. 이것은 저결정성의 작은 탄소 결정이 LiC_6이라고 하는 조성 이상의 리튬 이온을 흡수하는 것을 의미한다. 이 메커니즘에 관심을 두는 것은 당연하다.

아직 분명한 원인은 밝혀지지 않았지만, 저결정성 탄소의 구조 속에는 매우 작은 공동(空洞)과 결함이 있다. 리튬 이온은 층간뿐만 아니라 이와 같은 공동과 결함에도 들어가는 것으로 생각할 수 있다. 만약 이러한 추정이 정확하다면, 저결정성 탄소의 구조를 효율적으로 제어함으로써 리튬 이온 전지의 용량을 대폭 증가시키는 것도 기대할 수 있다.

어찌되었든 탄소 재료를 음극으로 사용한 리튬 이온 2차 전지는 실용화되었다. 이 전지는 한 번 충전으로 장시간 사용할 수 있고, 충·방전에 따른 성능 열화도 별로 없는 고성능 전지이다.

그러나 성능 향상의 욕구는 여기서 멈추지 않고 있다. 성능이 더욱 좋고 값도 저렴한 2차 전지 개발을 계속 요구하고 있다. 전기 자동차와 하이브리드 차에 사용할 전지를 기대하기 때문이다. 따라서 각 메이커에서는 고성능 전지 개발에 온 힘을 쏟고 있다.

1.1.2. 전기 이중층 축전기

(가) 축전기의 원리

콘덴서에 관해서는 이미 알고 있으리라 믿는다. 콘덴서의 원리를 간단하게 설명하는 〈그림 1-8〉은 콘덴서의 기본 구성도이다. 평행으

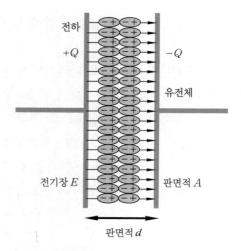

전하

+Q

－Q

유전체

전기장 E

판면적 A

판면적 d

〈그림 1-8〉 콘덴서의 원리를 나타내는 모형도

로 놓인 두 장의 판 사이에 전압을 걸어 주면 전기가 저장된다.

콘덴서가 축적할 수 있는 전기량을 정전기 용량(electrostatic capacity)이라 하고 패럿(F)이라는 단위로 나타낸다. F은 어떤 도체에 전압을 걸었을 때 거기서 얼마만큼의 전기가 저장되는가를 나타내는 척도이다. 1V의 전압을 걸었을 때 1C(쿨롱)의 전기가 저장된다면 그 도체의 전기 용량은 1F이다.

보통 콘덴서는 정전기 용량을 증가시키기 위해 두 장의 판 사이에 유전체라는 물질을 넣는데, 정전기 용량은 평행으로 놓인 두 판 사이의 거리와 판의 면적에 따라 달라진다. 거리를 짧게 하거나 면적을 크게 하면 정전기 용량은 증가한다.

전기 이중층 콘덴서도 축전지의 하나라고 생각할 수 있다. 여기에 탄소 재료가 필요하다.

(나) 활성탄과 전기 이중층

활성탄의 가장 큰 특징은 그 표면적에 있다. 1g당 표면적이

1,000m² 정도인 일반 활성탄도 1cm³의 작은 부피 속에 사방으로 약 30m 넓이의 표면이 존재한다.

활성탄의 큰 표면적의 대부분은 그 속에 존재하는 대량의 미크로 세공의 표면적도 합한 것이다. 콘덴서 판 대신에 활성탄의 넓은 표면을 사용하면 많은 양의 전기를 축적할 수 있으리라고 생각하는 것은 당연하다. 그러나 축전기를 정확하게 이해하려면 전기 이중층의 구조를 이해할 필요가 있다.

〈그림 1-9〉는 전기 이중층의 모형을 보인 것이다. 용액 속에 들어 있는 고체 표면이 플러스(+)로 하전되어 있다고 하자. 용액에 들어 있는 마이너스(-) 이온이 고체 표면으로 이동하면서 고체 표면에 달라붙는다. 그 결과 플러스 층과 마이너스 층이 서로 겹쳐진다. 이것이 전기 이중층이다. 두 층 사이의 거리는 매우 좁다.

〈그림 1-8〉로 다시 돌아가자. 콘덴서의 용량을 크게 하려면 가급적 큰 면적의 두 판을 되도록 좁은 간격으로 배열하면 된다고 설명한 바 있다. 따라서 큰 표면적을 가진 활성탄 표면에 전기 이중층을 만들면 대량의 전기를 축적할 수 있다.

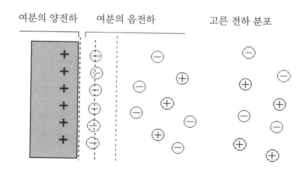

〈그림 1-9〉 전기 이중층의 모형

(다) 전기 이중층 축전기의 특징

전기 이중층에 전기를 축적하는 콘덴서를 전기 이중층 축전기라고 한다. 전극으로 표면적이 큰 활성탄이나 활성 탄소 섬유를 사용한다. 위에서 설명한 두 가지 이유로 전기 이중층 축전기의 정전 용량은 매우 크다. 1,000F 이상의 정전 용량을 가진 콘덴서도 제조 가능하다.

전기 회로에 사용되는 대용량 콘덴서로는 알루미늄 전해 콘덴서가 알려져 있다. 그러나 그 정전 용량은 고작 $1 \times 10^{-6} \sim 5 \times 10^{-3}$F 정도이다. 1,000F이라는 용량이 얼마나 큰가를 짐작할 수 있다.

실제로 사용되는 전기 이중층 축전기의 구성을 〈그림 1-10〉에 보기로 들었다. 한 쌍의 활성탄 전극이 격리 막을 사이에 두고 용액 속에 놓여 있다. 전원에 의해 플러스 쪽의 전극 표면에는 마이너스 이온이, 또 마이너스 쪽의 전극 표면에는 플러스 이온이 끌어당겨진다. 이것이 바로 충전 상태이다.

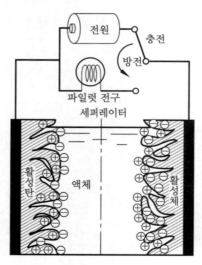

〈그림 1-10〉 전기 이중층 축전기

다음에 〈그림 1-10〉의 스위치를 방전 쪽으로 전환하면 활성탄에 끌어당겨져 있던 이온이 방출되어 전기가 회로를 흐르고 파일럿 전구에 불이 켜진다.

전기 이중층 축전기의 충·방전 메커니즘은 앞서 설명한 2차 전지와 비슷하다고 생각할 수 있다. 그러나 전기를 축적하는 방법은 전혀 다르다.

2차 전지에서는 화학 반응으로 발생하는 에너지로부터 전기를 끌어냈다. 그러나 전기 이중층 축전기에서는 화학 반응은 일체 관여하지 않는다. 단지 이온의 흡착으로 전기를 축적하고 있다.

이제부터 설명하는 양자의 성질의 차이도 이 메커니즘의 차이에 기인하고 있다.

(라) 전기 이중층 축전기와 2차 전지의 차이

전기 이중층 축전기와 2차 전지로부터 전기를 끌어낼 때의 전압의 변화는 〈그림 1-11〉과 같이 생맥주 잔과 칵테일 잔의 차이에 비유할 수 있다. 생맥주 잔은 마시기 시작하고부터 다 마실 때까지 액체의 표면적은 변하지 않는다. 그러나 칵테일 잔은 마시는 데 따라 액체의 표면적도 함께 작아진다.

2차 전지는 생맥주 잔의 액체 표면적과 같으므로 전기를 끌어내어도 전압은 그다지 변하지 않는다. 그러나 전기 이중층 축전기에서는 전기를 끌어냄에 따라 전압은 서서히 낮아진다.

용도에 따라서는 전압이 변하면 곤란한 경우가 있다. 그러나 전기 이중층 축전기는 다음과 같이 뛰어난 성질을 많이 가지고 있다.

① 급속 충전할 수 있고, 대전류로 방전될 수도 있다. 참고로 전기 이중층 축전기의 충전에 필요한 시간은 분 단위이다. 그러나 2차 전지의 충전에는 시간 단위가 필요하다.

② 충·방전의 사이클 수명이 같다. 2차 전지는 1,000회 정도

(a) 2차 전지 생맥주 잔 (b) 전기 이중층 축전기 칵테일 잔

〈그림 1-11〉 2차 전지와 전기 이중층 축전기의 전기 출력

충·방전을 반복하면 수명을 다하지만, 전기 이중층 축전지는 10,000회 이상 반복 사용할 수 있다.

③ 충·방전 효율이 높다. 전기 이중층 축전기는 충전한 전기 에너지의 90% 이상을 끌어낼 수 있지만, 2차 전지는 60~70% 정도에 지나지 않는다.

④ 전기 이중층 축전기는 안정성이 높고 유지 비용이 들지 않는다.

⑤ 전기 이중층 축전기는 중금속을 함유하지 않으므로 환경 친화적이다.

이와 같은 전기 이중층 축전기의 뛰어난 성질은 충·방전에 관여하는 복잡한 화학 반응이 아니고 단순한 이온의 흡·탈착에서 나온다.

(마) 전기 이중층 축전기의 용도

전기 이중층 축전기는 각종 전자 기기의 메모리 백업용 전원으로 광범위하게 사용된다. 정전이 되어도 메모리에 보존된 설정 조건을 유지할 뿐만 아니라, VTR나 전기밥솥 등에 내장된 타이머 제어 장치의 오작동도 방지한다.

그리고 카메라의 자동 초점 모터 구동, 하드 디스크 헤드의 보호, 가스난로 등에도 전지를 대신하여 사용된다.

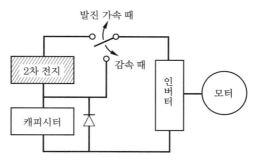

〈그림 1-12〉 대용량 축전기를 장착한 전기 자동차의 동력 장치도

1,000F이라는 대형 전기 이중층 축전기는 전기 자동차의 에너지 절약에 기여할 것으로 기대된다. 〈그림 1-12〉는 전기 자동차의 동력 장치를 나타낸 것으로, 전지에 직렬로 접속한 전기 이중층 축전기와 제어 장치로 구성된다.

감속 때 모터를 발전기로 사용하고 여분의 전기 에너지를 축전기에 급속 충전한다. 반대로 발진 때나 가속 때에는 전지와 축전기 양쪽에서 끌어낸 전기로 모터를 돌린다. 에너지 절약뿐만 아니라 전지에서 끌어내는 최대 전류 값(피크 부하)이 낮아지므로 전지의 수명이 늘어난다. 전지의 피크 부하가 30% 경감되면 전지의 수명은 1.5배 정도 늘어나고, 1회의 충전으로 주행할 수 있는 거리는 10%나 늘어난다는 계산이다.

(바) 전기 이중층 축전기의 대용량화

전기 이중층 축전기는 만능일까? 결코 그렇지는 않다. 2차 전지보다 결정적으로 떨어지는 점이 한 가지 있다. 충전할 수 있는 전기 용량이 바로 그것이다. 일반적으로 사용되고 있는 전기 회로용 콘덴서에 비하면 훨씬 크지만, 2차 전지에 비하면 약 10분의 1 이하에 지나지 않는다.

전기 이중층 축전기가 2차 전지를 대신하기 위해서는 무엇보다도 충전 용량을 대폭적으로 늘려야 한다. 따라서 전기 이중층 축전기의 용량 향상이 각 메이커에 있어서는 최대 과제가 된다.

충전 용량을 높이고자 할 때 누구나 생각할 수 있는 것이 활성탄의 표면적을 더욱 넓게 하는 것이다. 그러기 위해서는 부활을 진행시켜 틈새가 많은 활성탄을 만들어야 한다. 하지만 부활을 진행하면 활성 탄 1g당의 충전 용량은 늘어나지만 활성탄의 부피당 용량은 반대로 떨어진다. 장치가 아무리 가볍더라도 부피의 크기가 크면 차량 탑재 에 문제가 생긴다.

용량을 증가시키는 또 하나의 방법은 활성탄의 세공 크기를 잘 조 정하여 주는 것이다. 즉, 이온을 활성탄의 세공 표면에 붙여 전기를 저장하는 방법이다. 이온이 들어갈 수 없을 정도의 작은 세공 표면에 는 전기 이중층이 생기지 않는다.

반대로, 세공이 너무 크면 비표면적이 작아진다. 가장 적합한 세공 을 결정하는 것은 간단치 않다. 그래도 가까운 장래에 대용량의 전 기 이중층 축전기가 출현할 것으로 전망된다.

1.2. 가스 저장용 탄소

1.2.1. 운송용 에너지로서의 천연가스

탄소 재료에 메탄이나 수소를 저장하는 방법을 설명하기 전에, 에 너지의 현황과 장래의 전망, 운반용 에너지로서의 이들 가스의 소임 에 대하여 간단하게 살펴보기로 한다.

현재 지구상의 모든 나라들은 에너지의 80% 이상을 석탄, 석유, 천연가스 등과 같은 화석 연료로 충당하고 있다. 이와 같은 에너지는 탄소 원자와 수소 원자를 주성분으로 하고 있으므로 연소시키면 이 산화탄소가 발생한다. 대기 중에 이산화탄소가 늘어나면 지구는 온난화한다. 그 결과 해수면이 상승하는 등 여러 가지 심각한 환경 문제가 발생한다.

그래서 이산화탄소를 배출하지 않는, 또는 이산화탄소 발생량이 적은 원료로 대체해야 한다는 소리가 점점 높아지고 있다. 이산화탄소를 전혀 발생하지 않는 에너지원으로는 원자력, 수력, 태양광, 풍력, 지열 등이 있다. 그러나 원자력은 안전 측면에서 여러 가지 문제점을 안고 있다.

태양광과 풍력 등은 새로운 에너지로 관심을 모으고 있어서, 소규모 장치를 수용자 가까이에 많이 만들 수 있다. 이러한 분산형 에너지의 양은 현재 전체 에너지 사용량에서 볼 때 미미하지만 앞으로 매우 커질 것으로 예상된다. 당분간은 자원이 풍부한 석탄, 석유, 천연가스가 에너지의 주역으로 계속 군림할 것은 틀림없다.

화석 연료 중에서 이산화탄소의 발생량이 가장 적은 것은 메탄을 주성분으로 하는 천연가스이다. 메탄은 하나의 탄소 원자와 4개의 수소 원자가 붙어 있는 화합물이다. 천연가스는 탄소 원자의 수가 적기 때문에 연소시켰을 때 발생하는 이산화탄소의 양도 적다.

〈그림 1-13〉은 석탄, 석유 및 천연가스에서 같은 열량을 끌어낼 때에 발생하는 이산화탄소의 양을 비교한 그림이다. 같은 열량을 얻는데 있어 천연가스는 석탄보다 40%나 적은 이산화탄소를 발생시킨다.

앞으로도 화석 연료에 의존하지 않을 수 없다고 한다면, 이산화탄소 발생량이 적은 천연가스를 적극적으로 사용하여야 할 것이다. 다행스럽게 천연가스는 매장량도 많다. 우리나라도 2004년부터 울산 앞바다에서 천연가스를 생산하게 되었다. 그렇지만 2005년도 생산량은 우리나라 전체 수입 천연가스의 2%에 불과하다.

1980년대에 석유 파동이 일어났었다. 당시까지만 해도 석유 일변도였던 선진국들의 에너지 사정은 그 파동을 계기로 크게 변모하기

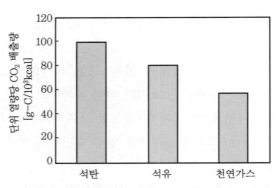

〈그림 1-13〉 화석 연료의 단위 열량당 이산화탄소 배출량

시작하였다.

석유가 나지 않는 우리나라도 다른 나라와 큰 차이가 없었다. 청정성, 안정성, 편리성, 경제성 등의 장점으로 천연가스의 수요가 1987년 161만2천 톤에서 2009년에는 2,385만6천 톤으로 급증했다. 연평균 30%가 넘었다. 도시가스 보급률도 1987년 9.8%에서 2009년 68.1%로 급증했다.

천연가스 수요의 대부분은 도시가스용(60%)이며 나머지가 발전용이다. 도시가스용은 1990년대의 급성장 단계에서 2001년 이후 안정적인 성장 추세로 전환되었다. 발전용은 1997년까지 지속적인 성장세를 보였으나, 전력 수요에 대한 원자력 발전과 같은 발전원의 변동에 따라 수요가 감소하는 추세이다. 2008년 우리나라에서 천연가스의 도입량은 일본(6,357만 톤)에 이어 세계 제2위인 2,794만 톤이다(출처 : 한국가스공사).

일본만 해도 새로이 건설하는 화력 발전소에서는 석유 사용을 일체 금지하고 대신 석탄 사용으로 전환하였다. 운송 분야에서도 석유를 배제할 수 있는 여러 가지 방안이 모색되었다. 천연가스 자동차, 연료 전지차, 전기 자동차 등, 이러한 노력의 결과 천연가스 자동차는 미국을 중심으로 전 세계에서 실용화되고 있다.

천연가스를 자동차에 탑재하는 방법에는 두 가지가 있다. 그 하나는 압축된 천연가스를 연료원으로 사용하는 방식으로 CNG 자동차가 그렇고, 다른 하나는 액화 상태의 천연가스를 사용하는 방식으로 LNG 자동차가 그것이다.

그런데 이 두 가지 방식에 모두 문제가 있다.

천연가스를 액화하려면 극저온이 필요하고, 또 차량에 탑재한 후에도 기화하지 않도록 끊임없이 저온으로 유지해야 한다. 그러기 위해서는 다량의 무리한 에너지가 필요하게 된다.

한편, 압축가스 방식에서는 높은 압력에 견디는 튼튼한 탱크가 필요한데, 탱크가 크고 무거울 수밖에 없으므로 차량에 탑재하려면 이를 해결해야 할 문제가 생긴다. 그래서 고안해 낸 것이 흡착제에 천연가스를 흡착시키는 방식으로 ANG 자동차가 그것이다. 천연가스의 주성분인 메탄이 빈틈없이 채워질 수 있는 작은 구멍을 지닌 흡착제의 개발이다. 이를 위한 물질로 금속 원자와 유기 화합물로 금속착물의 결정 등도 만들어졌다.

그러나 아직 차량에 사용하려면 비용과 효율 문제가 남아 있다. 그래서 가볍고 비용이 낮은 효율적인 재료로 탄소 재료가 유력한 후보로 떠올랐다.

국내에 보급되고 있는 천연가스 차량은 압축 천연가스 연소 엔진을 장착한 자동차가 대부분이다.

1.2.2. 탄소에 메탄을 저장하는 방법

메탄은 〈그림 1-14〉와 같이 정사면체 중심에 탄소 원자, 각 꼭짓점에 수소 원자가 놓여 있다. 메탄가스는 분자끼리 서로 작용하는 힘이 대단히 약하기 때문에, −82.6℃까지 냉각시키지 않으면 아무리 큰 압력을 가해도 액화되지 않는다. 메탄은 고체 표면에 접근시켜도 강

〈그림 1-14〉 메탄 분자의 화학 구조

한 화학 결합을 형성하지 않고 매우 약한 힘으로 고체 표면에 흡착할 뿐이다. 메탄가스를 대량 농축하여 저장할 수 없는 것은 바로 이 때문이다.

활성탄 세공(細孔)에 들어간 메탄은 어떤 상태로 존재할까? 그 해답을 설명하기 전에, 탄소 재료의 세공 모양을 살펴보기로 하자.

우선 흑연을 보면, 흑연 결정 모양에서 예상되듯이 흑연 재료 속의 세공은 탄소 6각형 망면의 얇은 벽으로 구획된 사이에 평탄한 슬릿 모양으로 존재한다. 한 개의 흑연 6각형 정점에 탄소 원자가 놓여 만든 슬릿 모양 구조에서 각 면은 메탄 분자가 흡착되는 자리를 제공한다.

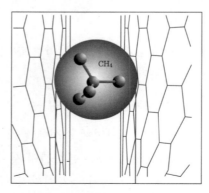

〈그림 1-15〉 메탄이 흡착된 모형

한 개의 6각형 중심의 퍼텐셜 에너지가 6각형 테두리보다 낮기 때문에 이곳이 메탄의 흡착 자리가 된다. 메탄이 흡착되는 모양을 〈그림 1-15〉로 나타내었다.

메탄 분자가 슬릿 모양의 세공 속에 들어갔을 때 벽으로부터 받는 힘(퍼텐셜)을 〈그림 1-16〉에 보였다. 세로축의 분자 퍼텐셜은 큰 마이너스의 값일수록 메탄이 세공 속에 단단히 유지되는 것을 의미한다. 세로축의 z는 메탄 분자와 벽 사이의 거리로, $z=0$은 슬릿 모양 세공의 중심 위치를 나타낸다. 흑연 층간 거리와 탄소 원자 밀도 등과 같은 값을 고려하여, 두 벽 사이의 너비(w)를 여러 가지로 변경하여 계산하였다.

그림의 상부에 표시한 가로축의 숫자(단위 : nm)는 왼쪽에만 벽이 있는 것으로 하고 그 벽에서 메탄 분자까지의 거리이다. 이와 같은 경우 그림 속에 점선으로 나타낸 바와 같이 분자가 오른쪽에서 벽으

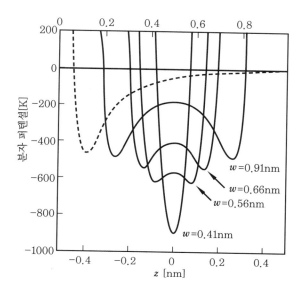

〈그림 1-16〉 메탄의 분자 퍼텐셜

로 접근함에 따라 점점 끌려가지만, 어느 거리 이상이 되면 반대로 벽으로부터 강한 반발을 받는다.

이번에는 두 장의 벽에 의해서 구획된 슬릿 모양 세공 속에 들어 있는 메탄 분자를 생각해 보자. 메탄 분자 사이의 작용은 작지만 벽의 폭이 작아짐에 따라 퍼텐셜은 큰 마이너스 값이 된다. 그래서 분자는 세공 안에서 안정적으로 존재할 수 있다.

설명이 조금 어려워졌으므로 알기 쉬운 예를 든다. 두 담장으로 칸을 막은 공간에 쥐를 가두었다고 생각해 보자. 칸막이가 된 공간이 넓으면 쥐는 활발하게 돌아다닐 수 있고, 그 여세로 담장을 뛰어넘어 밖으로 탈출할 수도 있다. 반대로 공간이 좁으면 양쪽 담장에 막혀 움직이지 못하고 꼼짝 않고 웅크리고 있을 뿐이다.

이처럼 메탄 분자는 벽의 폭이 0.41nm인 슬릿 모양 세공 속에서는 안정하게 존재한다. 그러나 메탄 분자의 크기는 0.384nm이므로, 슬릿 세공에는 고작 한 층분밖에 들어갈 수 없다. 그러므로 메탄을 대량으로 채워 넣을 수 없다.

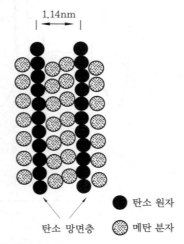

1.14nm

● 탄소 원자
⊗ 메탄 분자

탄소 망면층

〈그림 1-17〉 몬테카를로법(GCMC)로 계산한 메탄 흡착 모형

슬릿 모양 세공 속에 메탄이 채워지는 상태를 몬테카를로(Monte Carlo ; GCMC)법으로 컴퓨터를 써서 계산하였다. 계산한 결과에 의하면, 상온에서 3.4MPa의 큰 압력을 가했을 때는 폭이 1.14nm인 구멍에 가장 많은 양의 메탄가스가 채워진다고 한다. 〈그림 1-17〉과 같이 메탄 분자가 2열로 줄지어 들어가기 때문이다.

흑연 외에 여러 가지 활성탄을 사용하여 계산한 결과의 정당성을 조사하였다. 〈그림 1-18〉에서 GCMC(Grand Canonical Monte Carlo)는 계산으로 구한 이상적인 세공을 가진 흡착제이다. 활성탄 A(AX-21)와 B(AX-31)처럼 표면적이 2,000m²/g 이상의 큰 비표면적을 가진 것은 GCMC에 가까운 값을 보이고 있다.

여기서 주의해야 할 사항이 있다. 〈그림 1-18〉은 활성탄 1g당의 메탄가스 흡착량이다. 실제로 사용하는 경우 가벼움과 동시에 되도록 작은 용적에 많은 양의 메탄을 채워 넣고 싶다. 용적당으로 계산하면

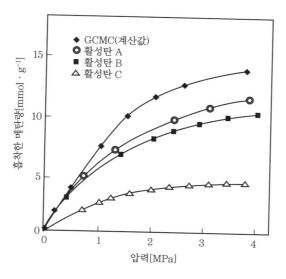

〈그림 1-18〉 298K에서의 메탄 흡착 등온선

GCMC는 1m³당 209Nm³인 데 비하면 활성탄 A는 절반 이하인 90Nm³이다.

이유는 분명하다. 실제로 사용하는 활성탄에는 메탄을 흡착하는 데 유효하지 않은 마크로 구멍 같은 큰 빈 구멍이 존재하기 때문이다. 결국 우수한 메탄 흡장재를 개발해야 하는데, 그 방법은 다음과 같다.

① 단지 표면적만을 증가시킬 뿐만 아니라 흡착에 관여하지 않는 세공과 입자 사이의 틈새를 가급적 줄일 것

② 메탄 흡착에 기여하는 미크로 구멍, 가능하다면 지름이 1.14nm 의 이상적인 미크로 구멍을 대량으로 만들 것

말은 쉽지만, 이러한 활성탄을 그리 간단하게는 만들 수 없다. 압력을 가해서 세공 속에 메탄을 강제로 밀어 넣을 수도 있지만 운반 문제가 생긴다. 그래서 생각해 낸 것이 세공의 입구 가까이에 메탄과 강하게 결합하는 금속 산화물을 붙여 메탄을 강제로 끌어당기게 한

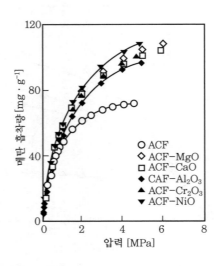

〈그림 1-19〉 각종 금속 산화물을 담지한 활성 탄소 섬유의 메탄 흡착 등온선(실온)

다는 아이디어이다.

각종 금속 산화물을 붙인 활성 탄소 섬유에 대한 메탄 흡착량을 측정하여 〈그림 1-19〉에 보였다. 산화마그네슘(MgO)과 산화니켈(NiO) 등을 붙이면 메탄의 흡착량은 20%나 증가한다. 따라서 흡착재와 메탄 사이의 상호 작용을 잘 제어하면 이론적인 한계값인 209Nm³/m³를 넘는 흡착재도 만들 수 있으리라는 기대감을 갖게 한다.

1.2.3. 수소 저장용 탄소

천연가스에서 발생하는 이산화탄소의 양은 석탄이나 석유보다 적다. 그러나 양은 적을지라도 발생하는 것만은 틀림이 없다. 그래서 이산화탄소가 전혀 발생하지 않고 자동차를 운행할 수는 없을까 생각하게 되었고, 이 요구에 부응하기 위해 등장한 것이 바로 연료 전지 자동차이다.

수소 연료 전지는 수소 가스를 산소로 연소시켜 전기를 만들어 낸다. 이때 배출되는 물질은 물뿐이다. 태양광이나 풍력을 이용하여 전기를 만들고, 그 전기로 물을 분해하여 수소 가스를 만든다. 이 수소 가스로 연료 전지를 만들고 그 전기로 자동차를 달리게 한다면 얼마나 좋을까?

수소 이용 국제 클린 에너지 시스템 기술 개발, 통칭 'WE-NET(World Energy Network)'라고 하는 계획이 있다. 이 계획에서는 〈그림 1-20〉과 같은 미래를 예상하고 있다. 수소의 제조와 변환뿐만 아니라 수소 가스의 운송과 저장 기술도 중요한 것은 말할 나위도 없다.

결국 천연가스나 수소로 자동차 같은 소형 운송 기관을 운행하고자 한다면, 너무 고압이 아니고 상온 부근에서 대량의 가스를 저장하는 재료의 개발이 반드시 필요하다. 이에 대해서 탄소 재료를 중심으로 설명하면 다음과 같다.

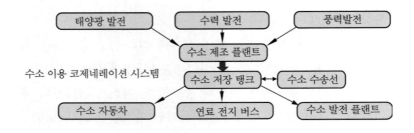

〈그림 1-20〉 수소 이용 국제 클린 에너지 시스템 기술(WE-NET)의 구조

현재 수소를 효율적으로 저장하는 방법에는 다음과 같은 세 가지가 있다.

① 금속과 수소 원자를 반응시켜 수소화물이라고 하는 수소 원자를 포함하는 화합물 형태로 저장한다. 수소 흡착 합금이 그 예이다.

② 고압으로 수소 가스를 압축하여 저장한다.

③ 수소 가스를 극저온에서 액화(액체 수소)하여 저장한다.

①의 방법은 안전하고 작은 용적에 수소를 저장할 수 있는 방법이다. 그렇지만 합금이므로 무겁고, 수소 가스의 흡·탈착을 반복할 때의 열의 출입으로 인하여 합금이 미분말로 될 뿐만 아니라, 불순물 가스로 합금의 표면이 오염되어 흡착하는 수소 가스의 양이 서서히 감소하는 문제 등이 있다.

②는 높은 압력에도 견디는 탱크가 필요한 방법이다. 이러한 탱크는 일반적으로 두껍기 마련이어서 무겁고 커지기 쉽다.

③의 액화 저장법은 수소를 액화하기 위해 매우 저온으로 냉각하지 않으면 안 되는 방법이다. 이때 필요한 에너지는 ①이나 ②에 비해 4~6배나 크다. 또 탱크를 항상 냉각시켜 두는 에너지의 양도 무시할 수 없다. ②와 ③은 메탄의 경우에도 문제였지만 수소의 경우는

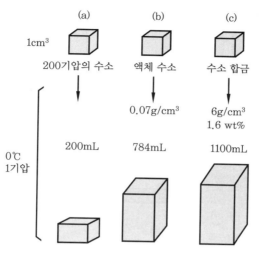

〈그림 1-21〉 수소 저장법의 비교

더욱 엄격해야 한다.

　세 가지 방법에 의한 저장량을 비교한 것이 〈그림 1-21〉이다. 이 그림에서는 각 방법으로 저장한 $1cm^3$의 수소를 0℃, 1기압으로 환원하였을 때의 부피와 비교하고 있다. 당연히 (a)는 200기압으로 압축하고 있으므로 200이다. (b)는 액체 수소의 밀도를 $0.07g/cm^3$으로 하면 784, (c)는 가장 우수한 합금의 흡착량이 $1cm^3$당 6g이므로 1,100이 된다. 저장된 부피만으로 따지면 액화 수소와 흡착 합금이 우수하다.

　앞에서 설명한 세 가지 방법 이외의 방법도 포함하여 〈그림 1-22〉에 상업적으로 이용할 수 있는 수소 저장 해결 방법을 보였다. 그림은 각각을 미국 에너지부의 목표값과 비교한 것이다. 두 목표를 달성하기 위한 해결 방법은 그림의 회색 부분이어야 한다.

　중량 밀도는 수소 무게로 7% 이상, 부피 밀도는 $60kg/m^3$ 이상을 저장할 수 있는 방법을 목표로 삼는다. 50L 들이 탱크에 흡착재를

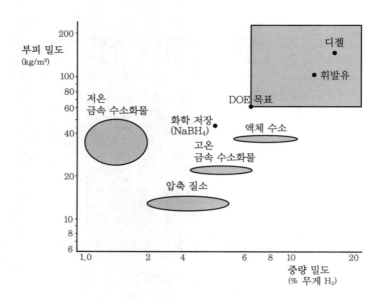

〈그림 1-22〉 각종 수소 저장 시스템의 성능 비교

넣고 수소 가스를 채운다. 한 번의 보급으로 500km 정도의 거리를
달리는 것을 전제로 한 값이다. 현재로는 시장에서 쉽게 이용할 수
없기 때문이다. 디젤차와 가솔린차의 값은 연료 효율을 20%와 14%
로 가정해서 구하였다.

현재의 운송 기관에 비해서 수소 가스를 연료로 하는 각 시스템의
중량 및 부피 밀도가 낮은 것을 알 수 있다. 그러나 날로 심각해지는
환경 문제를 생각하면 고성능 수소 저장 시스템의 개발은 운송 기관
으로서 반드시 필요한 과제이다.

탄소 나노 구조물은 그림에 표시하지 않았다. 현재로는 시장에서
쉽게 이용할 수 없기 때문이다. 그러나 탄소 나노 구조물[3]의 미래는

---

3) P.Guary, B.L Stansfield and Rochefort, *On the Control Carbon Nanostructures
for Hydrogen Storage Applications*, Carbon 42 (2004), 2187-2193(abstract)(pdf)

<표 1-2> 수소 흡착 상태와 탄소재 종류

수소 흡착 상태	탄소재의 종류	흡착 조건(온도, 압력 등)	흡착량
화학 결합	풀러렌	(반응 조건) Ni 촉매하 150℃, 5MPa	4.8wt% ($C_{60}H_{36}$의 경우)
화학 결합(?)	흑연	H_2 존재하, 80시간 분쇄	7.4wt%($CH_{0.95}$)
해리	칼륨 흑연 층간 화합물(KC_8)	실온, 1.5~3Pa	0.4wt%
분자 모양	칼륨 흑연 층간 화합물(KC_{24})	−196℃, 1.5~3Pa	1.2wt%
분자 모양	활성탄류	−123℃, 5.5MPa	4.8wt%
분자 모양	탄소 에어로젤	−196℃, 7MPa	5.9wt%
분자 모양+해리(?)	탄소 나노튜브	40kPa	5~10wt%
분자 모양+해리(?)	흑연 나노 섬유 (헤린본형)	실온, 12MPa	68wt%(?)

밝다. 에너지부의 제안이 탄소 재료를 사용한 수소 가스 흡착 연구에 활기를 불어 넣었다.

측정법과 재현성 등에서 연구가 미흡한 측면도 있지만 데이터는 〈표 1-2〉와 같다. 수소 흡착 상태에 대하여서는 명확하지 못한 것도 많으므로 앞으로 정정될 가능성도 있다.

주요 사항에 관하여 조금 더 설명을 추가하도록 한다.

(가) 수소가 화학 결합하고 있는 경우

화학 결합으로 수소를 흡착·저장시키는 예는 풀러렌을 이용하는 것이다. 압력솥에 풀러렌 C_{60}과 수소 가스를 넣는다. 니켈을 담지한 활성 알루미나를 촉매로 하여 5MPa, 150℃에서 2시간 반응시킨 결과 수소 원자가 풀러렌에 결합하여 $C_{60}H_{36}$이라는 화합물이 생성되었다. 수소 함유량으로 치면 4.8wt%이다.

여기서 생기는 문제는 이 수소를 어떻게 끌어내느냐는 것이다. 이 화합물의 C-H 결합은 C-C 결합보다도 약하다. 따라서 수소를 탈취하는 시약을 사용하거나 가열하면 볼 모양의 골격 구조를 붕괴시키지 않고 수소를 잡아낼 수 있다. 그러나 흡착과 탈착을 반복하게 되면 여러 가지 부반응이 발생할 수 있다. 또 반응에 의한 열의 출입이 큰 것도 문제가 된다.

고순도 흑연을 오랜 시간에 걸쳐 정성스레 분쇄하면 4nm 이하의 매우 미세한 흑연이 된다. 이것을 나노 구조 흑연이라고 한다. 수소 가스 속에서 분쇄하면 나노 구조 흑연과 수소가 반응한다. 80시간 분쇄한 후에 7.4wt%의 수소가 흡착되었다. 분쇄에 의하여 발생한 탄소 망면의 단면이나 덩글링 본드라고 하는 불안정한 곳에 수소가 결합했기 때문인데, 화학 결합과 비슷한 결합이다. 풀러렌과 마찬가지로 수소를 잡아내는 것이 문제이다.

(나) 수소가 해리하여 있는 경우

수소 분자가 2개의 수소 원자로 분할하는 것을 해리라고 한다. 모든 탄소 망면 사이에 칼륨이 삽입된 제1 스테이지라고 하는 칼륨의 흑연 층간 화합물 KC_8은 실온에서 수소 가스를 서서히 흡수하여 하나 걸러 들어간 제2 스테이지의 층간 화합물 KC_8H_x로 변한다. 이때의 X의 값은 2/3이다.

〈그림 1-23〉과 같이 해리 상태의 수소는 흑연 층간에 삽입된 칼륨이 들어 있는 작은 틈새에 들어간다. 단, 이 화학 조성 중의 수소 양은 약 0.4wt%에 지나지 않는다.

다음과 같은 방법도 생각할 수 있다. 백금이나 팔라듐과 같은 금속을 담지한 활성탄을 사용하면 금속 표면에 흡착한 수소 분자가 수소 원자로 해리한다. 해리한 수소 원자는 금속 표면에서 활성탄 표면으로 이동한다. 이것이 스필오버(spillover)라고 하는 현상이다. 수소

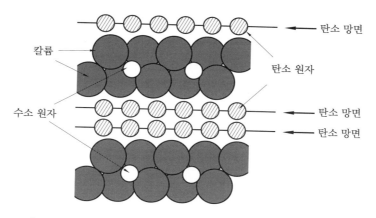

〈그림 1-23〉 칼륨 흑연 층간 화합물에 삽입된 수소 원자의 배치

해리와 재결합을 간단하게 할 수 있으므로 수소 흡착 저장에 적응할 것 같지만 아직 구체적인 연구는 찾아볼 수 없다.

(다) 수소가 분자 모양으로 있는 경우

수소 가스는 다공질 탄소 표면에 물리적으로 흡착한다. 흡착량은 실온에서는 작지만 저온으로 내려가면 크게 증가한다. 메탄을 흡착했을 때 사용한 큰 비표면적 활성탄(AX-21)을 다시 등장시키기로 한다. 〈그림 1-24〉는 이 활성탄에 대한 흡착 등온선으로서, 압력을 변화시키면서 흡착되는 수소의 양을 측정한 것이다. 질소 가스가 액화하는 온도($-196℃$)까지 낮추면 흡착량은 매우 커진다.

〈표 1-2〉는 각종 탄소재의 수소 가스 흡착량을 종합한 것이다. 활성탄류와 수십 nm의 작은 구상 탄소가 응집된 탄소 에어로젤이라고 하는 탄소재도 액체 질소 온도와 높은 압력 아래서는 높은 값을 나타낸다. 분자 모양의 수소가 탄소 표면이나 세공 안에 물리적으로 흡착되었다고 볼 수 있다.

칼륨 층간 화합물의 수소 흡착 저장에 관해서는 앞에서 설명한 바

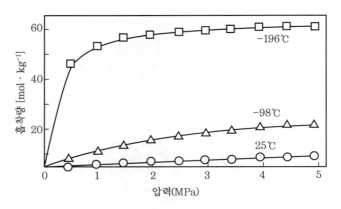

〈그림 1-24〉 AX-21의 수소 흡착에 대한 온도 의존성

있다. 이번에는 액체 질소 온도에서 제2 스테이지의 층간 화합물 KC$_{24}$에 수소 가스를 흡착시킨다. 칼륨과 칼륨 틈새에 수소가 흡착되는데, 이 흡착에 요하는 열량은 9~12kJ/mol로 작다. 이곳에서 수소는 해리하지 않고 분자 모양으로 흡착되어 있는 것을 알 수 있다.

칼륨을 루비듐(Rb)이나 세슘(Cs) 등으로 바꾸어 놓은 제2 스테이지의 층간 화합물에서도 마찬가지 현상이 관찰된다. 그러나 제1 스테이지의 KC$_8$에서는 층간에 존재하는 알칼리 금속의 양이 과다하여 공극이 존재하지 않기 때문에 수소 흡착은 볼 수 없다.

층간 화합물의 수소 흡착량을 어떻게 평가하면 좋겠는가. 제2 스테이지의 층간 화합물 KC$_{24}$에 2개의 수소 분자가 흡착된 KC$_{24}$(H$_2$)$_2$의 흡착량을 환산하면 1.2wt%이다. 이 값은 수소 흡착 합금인 LaNi$_5$의 수소 흡착량과 맞먹는다.

그렇지만 층간의 칼륨 사이에 생기는 틈새에 흡착되는 것이므로 1.2wt%의 흡착량을 크게 초과하는 것은 어려울 것 같다. 흑연 구조 중의 탄소 원자를 다른 원소의 원자로 치환하는 등 새로운 방법을 강구하여 작은 공간을 만들어 내는 연구가 필요하다.

〈표 1-3〉 각종 탄소재의 세공 특성

탄소재	비표면적 (m²/g)	미크로 용적 (mL/g)	평균 세공 지름 (mm)	흡착 수소량 (kg/m³)
활성탄 1	1058	0.514	0.66	45.1
활성탄 2	2206	0.791	1.46	27.1
활성탄 3	2575	0.861	1.48	19.4
탄소 섬유	~0	0.176	0.41	8.2

여기서 세공의 크기와 수소 분자의 흡착 용이성 관계를 살펴보자. 〈표 1-3〉에 정리한 평균 세공의 지름이 다른 각종 활성탄류를 사용한다.

이러한 활성탄에 실온에서 70MPa까지 높은 압력을 가해서 수소를 흡착시킨다. 그 결과가 〈그림 1-25〉이다. 미크로 구멍이 많은 활

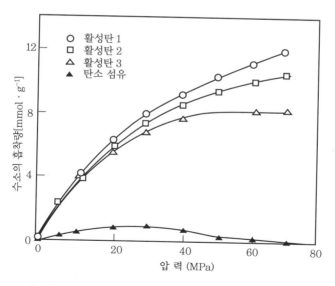

〈그림 1-25〉 실온에서의 각종 탄소 흡착재의 수소 흡착량

성탄 2 또는 활성탄 3보다 미크로 구멍이 적은 활성탄 1의 수소 흡착량이 더 크다. 최대 흡착량을 나타낸 활성탄 1의 70MPa에서의 값은 2.4wt%(약 12mmol/g)에 대응한다.

활성탄 1의 평균 세공 지름은 0.66nm이므로 탄소 섬유 이외의 활성탄보다도 작다. 이 때문에 수소 분자와의 상호 작용이 강해져 수소 분자가 고밀도로 흡착되었다고 생각한다.

상술한 바와 같이, 물리 흡착에 의해서도 6.5wt%라는 목표 값을 달성하기는 매우 어렵다.

(라) 그 밖의 경우

흑연 나노 섬유는 금속 촉매로 탄화수소 가스를 분해하여 만든 나노 크기의 섬유 모양 탄소이다. 탄소 6각형 망면의 배열은 여러 가지로 바꿀 수 있다.

〈그림 1-26〉의 섬유는 탄소 망면이 섬유축에 대하여 어떤 각도로

(a) 흑연 나노 섬유의 전자 현미경 사진

섬유의 방향

(b) 구조 모델

〈그림 1-26〉 흑연 나노 섬유의 전자 현미경 사진과 구조 모델

배열되어 있으며 헤링본(청어의 뼈, 오늬 모양)이라고 한다.

　이 섬유의 수소 흡착량을 실온, 12MPa의 높은 압력 아래서 측정한 결과 무려 68wt%나 되는 많은 양의 수소가 흡착되었다(〈표 1-2〉 참조). 충전된 수소 가스와 섬유의 밀도를 각각 $0.1g/cm^3$와 $0.2g/cm^3$라고 가정하면, 수소 저장량은 $100kg/m^3$를 넘는다. 이 값을 실온에서 얻었다는 사실은 놀라운 일이다.

　수소는 어떠한 상태로 흡착되는 것일까? 수소 분자가 탄소 층간을 밀치면서 퍼져 있다고 한다. 층간을 밀칠 만큼의 강한 힘은 어디서 생기는 것일까? 많은 의문이 생긴다. 측정 때의 가스 누설 때문이 아닌가 하는 의견도 있다. Fe-Ni-Cu계 촉매를 사용하여 조제한 탄소 나노 섬유의 경우 최고 6.5wt%의 수소 흡착량을 보였다는 보고도 마찬가지이다.

　이러한 결과에 대하여서는 현재 부정적인 견해가 많다. 흡착 모형의 중요성도 그러하거니와 실험의 신뢰성과 재현성도 요구되고 있다.

환경 분야에서 활약하는 탄소 재료

2.1. 탄소 재료의 역할

2.1.1. 악취와 유해물 제거 및 회수

하천이나 연못에 숯을 넣으면 물이 정화된다는 것은 옛날부터 잘 알려져 온 사실이다. 숯은 그 표면적이 크기 때문에 수중의 악취 물질이나 유해 물질을 흡착하여 제거한다.

그뿐만 아니라, 미생물이 표면에 즐겨 붙어 증식하고 유기물을 분해한다는 사실도 밝혀졌다. 이에 관해서는 2.2절에서 다시 자세하게 설명하기로 한다.

숯보다도 큰 표면적을 가지며 흡착력이 우수한 탄소 재료는 활성탄이다. 활성탄의 표면은 반드시 탄소 방향족 평면이 알몸 상태로 노출되어 있는 것만은 아니다. −OH나 −COOH와 같은 산소 함유 작용기라고 하는 원자단이 결합하고 있다. 이러한 작용기는 여러 가지 물질과 적극적으로 결합하는 성질을 지니고 있으므로 활성탄 표면의 흡착 성능은 더욱 향상된다.

도료와 인쇄 공장, 필름과 종이의 가공 공장, 접착제를 제조하는 공장 등에서는 아세톤, 톨루엔, 메틸에틸케톤과 같은 여러 가지 유기물 용제가 사용된다. 이 모든 용제는 인간에게 유해한 물질들이다.

금속 표면, 프린트 배선 기판이라고 하는 반도체 재료, 각종 정밀 기기 등의 세척에는 염소와 플루오르 등의 할로겐 원자를 포함한 용제가 사용된다. 이러한 종류의 용제가 대기 중에 누출되면 대기 오염과 오존층 파괴의 원인이 된다.

용제를 회수하여 반복 사용하는 것이 요망되는 것은 경제적인 이유라기보다는 환경 문제 때문이다. 용제를 회수하여 공장 밖으로 내보내지 말아야 한다. 여기서 사용되는 것이 〈그림 2-1〉에 보인 활성탄을 이용한 용제 회수 장치이다.

　활성탄으로 만든 2개의 원통형 흡착조가 용제 회수 장치의 심장부이다. 유기 용제를 함유한 배기가스가 흡착조에 수용되면서 용제는 활성탄에 흡착되어 제거된다. 이 사이에 다른 하나의 흡착조 안쪽에 가열한 수증기가 빨려 들어간다. 그러면 활성탄에 흡착되어 있던 용제가 농축 상태로 배출되므로 이것을 회수한다.

　〈그림 2-1〉의 (a)와 (b)처럼 이 조작을 교대로 반복한다.

　제1부의 〈그림 3-11〉에서 본 바와 같이, 활성 탄소 섬유는 보통 입자 모양 활성탄과는 다른 세공 구조를 지니고 있으므로 용매 분자를 신속하게 흡착할 수 있다. 또 섬유 사이에는 틈새가 생기므로 배기가스는 별로 강한 저항을 받지 않고 틈새를 원활하게 통과한다. 이러한 이유로 최근에는 입자상 활성탄 대신에 값이 비싼 활성 탄소 섬유가 많이 사용되고 있다.

　비슷한 장치를 자동차에도 사용하고 있다. 연료 탱크에서 누출되는 가솔린 증기를 포집하는 장치인 캐니스터에 사용되고 있다. 양돈장이나 분뇨 처리장에서 발생하는 암모니아, 황화수소, 메틸메르캅탄(methyl mercaptan) 등의 악취 제거, 환경 위생상 의무적으로 방독면을 착용해야 하는 건설 현장 같은 곳에서도 활성탄이 사용되고 있다.

　최근에는 활성탄에 시제를 넣어 목적하는 가스를 철저하게 제거할 수 있는 고성능 제품도 판매되고 있다. 예를 들면, 소각로나 석탄을 사용한 보일러의 배기가스 속에는 미량의 수은 증기가 포함되는 경우도 있다. 이 맹독성 증기를 제거하기 위해 활성탄에 요오드

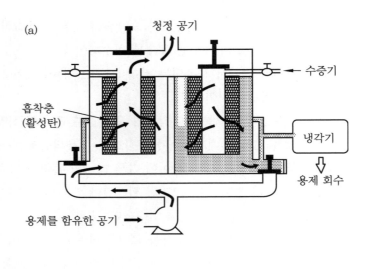

(a)

청정 공기

수증기

흡착층
(활성탄)

냉각기

용제 회수

용제를 함유한 공기 →

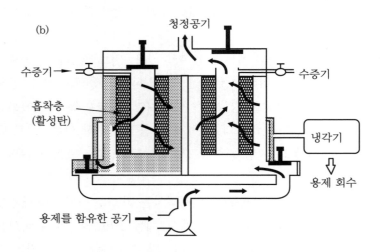

(b)

청정공기

수증기 →

수증기

흡착층
(활성탄)

냉각기

용제 회수

용제를 함유한 공기 →

〈그림 2-1〉 용제 회수 장치의 구성

(iodine)나 황 등을 혼합시킨 것도 있다.

활성탄은 정수 분야에서도 중요하다. 수돗물 소독에 사용되는 염소도 제거해야 한다. 염소와 반응하여 발암성 트리할로메탄(tri-halomethane)을 생성하는 것으로 알려진 휴민산(humic acid)도 제거할 필요가 있다. 그래서 상수도 처리장에서는 활성탄 위에 미생물류를 증식시킨 생물 활성탄을 사용한다.

2.1.2. 황과 질소 산화물의 제거

천식이나 광화학 스모그는 대기 중에 포함되어 있는 황산화물(SOx)과 질소 산화물(NOx)이 주요 원인이다. 이와 같은 가스가 많이 발생하는 화력 발전소에서는 고도의 제거 기술이 구사되고 있다.

배출 가스 속에 포함되는 황산화물 제거를 목적으로 하는 처리법은 배연 탈황법이라고 한다. 가장 일반적인 방법은 황산화물 가스를 석회와 반응시켜 석고(황산칼슘)로 바꾸어 고정화하는 방법이다. 이 방법의 문제점은 많은 양의 석회와 물을 사용해야 한다는 점이고, 부산물인 석고의 처리도 문제가 된다.

한편, 질소 산화물을 제거하는 배연 탈질소법에도 여러 가지 방식이 있다. 많이 사용되고 있는 것은 산화 바나듐/산화 티탄계 촉매를 사용하고, 질소 산화물과 암모니아를 반응시켜 질소 가스와 물로 분해하는 방식이다. 질소와 물 이외의 생성물이 발생하지 않는 것은 장점이지만, 반응에 상당한 고온을 필요로 하고, 촉매가 비싸며, 운전비용과 건설 비용이 높은 것이 문제이다.

황산화물과 질소 산화물 처리에 공통되는 심각한 문제는, 가스 농도가 낮으면 반응이 충분하게 진행되지 않는다는 점이다. 또 배기가스 중의 질소 산화물 농도가 황산화물 농도보다 낮으면 황산암모늄이라는 고체가 석출하여 반응관이 막히기 때문에 운전이 불가능하게 될 우려도 있다. 그래서 개발된 것이 활성탄을 사용하는 방법이다.

활성탄 표면의 작용기가 황산화물과 질소 산화물을 산화시키는 것은 이전부터 알려져 있었다.

제철용 코크스를 만드는 것보다도 낮은 온도에서 석탄을 열분해하면 반생 코크스라고 하는 설구운 코크스가 만들어진다. 조건을 더욱 엄격하게 하여 열분해하면 보다 단단한 활성 코크스가 된다. 이렇게 만든 코크스는 단위 무게당의 표면적이 활성탄보다 작지만, 값이 저렴하기 때문에 대량으로 사용하기에는 안성맞춤이다.

코크스를 사용하는 이 방법은 탈황과 탈질소를 동시에 할 수 있고, 또 반응 온도도 140℃ 전후로 낮아도 된다. 다만, 최근에는 값보다도 성능을 크게 요구하는 경향이 있다. 이 때문에 비싼 활성 탄소 섬유를 사용한 공정이 활발하게 개발되고 있다.

황산화물 가스는 활성 탄소 섬유 표면에서 어떻게 분해되는 것일까? 그 메커니즘을 〈그림 2-2〉에 도시했다. 황산화물의 하나인 이산화황 가스(SO_2)가 활성탄 표면에 흡착한다. 흡착한 이산화황은 공기 중의 산소와 반응하여 삼산화황(SO_3)이 되고, 최후에 삼산화황과 공기 중의 물(H_2O)과 반응하여 황산(H_2SO_4)이 된다. 반응 자체는 아주 간단하다.

용액 속에서 일어나는 반응과는 달라서, 탄소 표면상에 일어나는

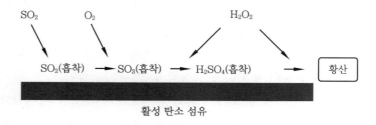

〈그림 2-2〉 활성 탄소 섬유 표면에서 일어나는 탈황 반응

반응은 불균일하다. 반응에 대한 탄소 표면의 촉매 능력과 생성된 황산의 탈리 용이성 등이 이 방법의 성능을 좌우한다.

활성 탄소 섬유는 섬유 표면에 미크로 구멍이 대량 발달되어 있으므로 이산화황을 흡착하는 속도가 빠르다. 그만큼 성능 향상이 기대된다. 〈그림 2-3〉은 그 결과를 나타낸 것이다. 이산화황 가스를 활성 코크스, 입자 모양 활성탄 및 2종의 활성 탄소 섬유 속에 도입하고, 출구에서 이산화황 가스 농도를 측정한 데이터인데, 이를 파과 곡선이라고 한다.

페놀 수지로 만든 활성 탄소 섬유와 석탄을 사용한 입자 모양 활성탄에서는 1시간도 경과하기 전에 출구에서 이산화황이 검출된다. 이에 비해, 활성 코크스와 PAN계 활성 탄소 섬유에서는 각각 2시간 및 8시간 후에 처음으로 검출되었다. 활성 코크스와 PAN계 활성 탄소 섬유의 비표면적은 $250m^2/g$과 $900m^2/g$이고, 페놀 수지계 활성

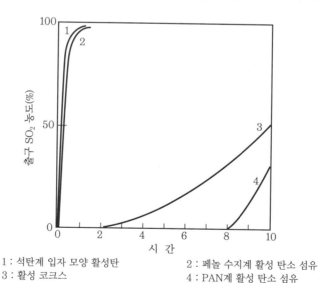

1 : 석탄계 입자 모양 활성탄   2 : 페놀 수지계 활성 탄소 섬유
3 : 활성 코크스   4 : PAN계 활성 탄소 섬유

〈그림 2-3〉 각종 활성탄에서의 SO_2 파과 곡선

탄소 섬유와 석탄계 활성탄의 비표면적은 200m²/g과 1,200m²/g이다. 따라서 비표면적으로 탈황 성능의 차이를 설명하기는 어렵고, 활성 탄소 섬유의 특이한 세공 구조로도 시원하게 설명할 수 없다.

산소 표면의 작용기의 중요성에 대하여서는 이미 설명한 바 있다. 활성 코크스와 PAN계 활성 탄소 섬유의 질소 함유량은 다른 두 시료에 비하여 많다. 어쩌면 질소를 포함한 작용기가 이산화황 가스의 흡착 장소를 제공하였다고 보는 것이 타당할 것 같다.

활성탄의 표면 상태를 변화시키는 것을 표면 수식(修飾)이라고 한다. 환경 분야에서 활성탄을 효과적으로 사용하기 위해 표면 수식은 중요한 기술이 될 전망이다.

또 하나의 예를 들어 보자. 최근 산화철(α-FeOOH)을 분산 상태로 담지한 활성 탄소 섬유를 사용하면 200℃에서 흡착한 일산화질소 가스(NO)의 80%가 질소 가스로 변화하는 것이 보고되었다.

〈그림 2-4〉는 흡착 모형을 나타낸 것인데, 미크로 구멍의 입구 가까이의 산화철이 일산화질소 가스를 불러들여 미크로 구멍을 채운

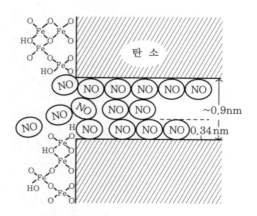

〈그림 2-4〉 산화철(α-FeOOH)을 분산시킨 활성 탄소 섬유에서의 NO의 흡착

다. 세공 속에 채워지면 일산화질소 분자 사이의 상호 작용이 강해지고, 그 결과 효율적으로 질소로 변환하였다고 생각된다.

활성 탄소 섬유 표면에서 질소 산화물을 분해하는 방법으로는, 앞에서 설명한 암모니아와 반응시켜 질소로 변환하는 방법 이외에, 앞에서 설명한 탈황과 마찬가지로 일산화질소 → 이산화질소 → 질산이라는 반응 경로를 통하여 제거하는 방법도 시도되고 있다.

이러한 방법에 비하여, 활성탄에서 직접 질소 가스로 변환하는 방법은 공정이 간단할 뿐만 아니라 에너지 절약도 기대할 수가 있다. 그렇기 때문에 이 방법은 주목해야 할 방법임에 틀림이 없다.

2.1.3. 프론과 다이옥신 제거

환경 문제에 관심이 쏠린 지 상당한 세월이 지났다. 초기에는 큰 공장 등에서 배출되는 매연과 배수, 광산에서 선광 때 나오는 배출물, 광산물 등을 세척한 이후의 배수로 인한 주변 토양과 공기, 하천의 오염 등이 문제였다. 오염원에 대한 대책이 강구되어 법률과 자치단체의 조례로 지속적으로 지도·단속한 결과 공해 문제는 많은 성과를 거두고 있다.

그렇지만 공업이 발전하고 새로운 화학 물질이 출현하자 지금까지와는 다른 오염 문제가 발생하였다. 에어컨의 냉매, 플라스틱용 발포제, 반도체 공장의 세척제 등에 대량 사용된 플루오르를 포함한 화학 물질(프론 가스)은 그 표본이라고 할 수 있다. 프론(fron) 가스가 대기 중에 방출되면 지구 상공에 있는 오존층이 파괴되고 자외선이 강해져 발암의 위험성이 커진다.

할로겐(halogen) 가스 문제는 탄소 공업과도 관련이 있다. 실리콘 단결정 제조, 핵융합로 고온 가스로 등에 사용되는 고밀도 등방성 탄소재는 극도의 고순도가 요구된다. 종전에는 염소 가스나 플루오르

가스 분위기에서 흑연화로 처리하여 불순물을 제거했었다. 그러나 고순도화의 요구가 더욱 엄격해져 반도체용에서는 수 ppm 이하, 원자로용에서는 문제의 보론(boron) 함유량이 0.2ppm 이하 수준까지 이르렀다. 이만큼 고순도로 하려면 염소 가스보다도 산화력이 강한 프론계 가스 속에서 흑연화하는 편이 유효하다.

그런데, 이제까지 개발된 프론계 가스 분해법은 석회를 사용하여 고온에서 분해하는 석회 소성법, 1,200℃의 노 안에서 수증기와 함께 분해하는 방법, 고온의 플라스마 불길에 의한 분해법 등이었다. 프론 가스로 흑연을 고순도화하는 방법은 흑연 그 자체의 고순도화와 프론 가스의 분해를 동시에 달성할 수 있는 일석이조의 방법이다.

우리의 생활 주변에는 쓰다 버린 플라스틱이 지천으로 널려 있다. 대부분은 쓰레기로 소각 처리된다. 하지만 연소 온도가 낮으면 맹독성 다이옥신이 발생한다. 다이옥신은 베트남 전쟁 때 미군이 살포한 고엽제 속에 불순물로 섞여 있었다. 전쟁 후에 많은 기형아가 출생한 것은 다이옥신이 그 원인이라고 한다.

최근에는 쓰레기 소각장의 연소 온도를 높여 다이옥신 발생을 방지하고 있다. 그래도 낡은 시설에서는 여전히 다이옥신이 발생한다는 우려가 불식되지 않고 있다. 따라서 발생한 다이옥신을 외부로 배출하지 않는 방법이 연구되고 있다.

여기에 탄소 재료가 다시 등장하게 된다. 버그 필터라고 하는 여과 장치가 있는데, 이 장치는 쓰레기 소각장에서 발생하는 연소 가스 속의 작은 먼지 제거에 사용되고 있다. 연소 가스를 여과할 때 분말 활성탄을 섞어 여기에 다이옥신을 흡착시키는 방법이 고안되었다. 다이옥신을 흡착한 활성탄과 포집한 먼지는 함께 고온으로 처리된다. 이미 일부에서 실용화되고 있다. 광범위하게 사용되려면 높은 흡착 성능을 보유하고 또한 저렴한 활성탄 개발이 반드시 필요하다.

2.1.4. 유출된 원유 흡수

우리나라 연안에서도 선박이 좌초하거나 충돌하여 많은 양의 기름이 바다에 유출되는 사고가 종종 발생한다. 3면이 바다인 지형 관계상 그러한 기름 유출 사고는 앞으로도 피할 수 없을 것이다.

기름 유출 사고가 발생하면, 우선 오일펜스를 치고 유막을 에워싼다. 이어서 오일 흡착 매트를 회수하거나 대량의 계면 활성제를 살포하여 기름을 침강시켜 확산을 저지하는 방책을 쓴다. 그래도 유출된 기름은 부유하면서 볼 상태의 덩어리가 되어 연안에 표착하거나 해저에 침전하거나 한다. 그로 인하여 인근 해역과 해안에서는 어패류가 사멸하는 큰 피해를 일으킨다.

기름을 효율적으로 흡수 제거하는 방법으로서 하나의 탄소재에 관심이 집중되고 있다. 〈그림 2-5〉에 보인 팽창 흑연이 바로 그것이다. 팽창 흑연은 천연 흑연을 팽창시켜서 만든 것으로, 아코디온 모양으로 크게 팽창되어 있다. 천연 흑연을 황산으로 삶으면 탄소 육각 망면 사이에 황산이온이 들어가 흑연 층간 화합물로 된다. 층간 화합

0.1mm

〈그림 2-5〉 팽창 흑연 분말의 전자 현미경 사진

물을 1,000℃ 부근까지 급열하면 층간에 들어간 황산이온이 분해함으로써 층간이 박리되고, 층 방향으로 200~300배나 팽창한다. 팽창 흑연은 이렇게 만든다.

이 팽창 흑연을 점성이 비교적 낮은 원유에 첨가한 결과 팽창 흑연의 부피보다 약 85배나 되는 원유가 흡수되었다. 그리고 진득진득한 중유의 경우도 75%나 흡수되었다. 뿐만 아니라 흡수는 1분 이내에 완료될 만큼 신속하게 진행된다. 현재 사용되고 있는 오일 흡착 매트는 폴리프로필렌제이다. 흡착량은 10배 정도이므로 팽창 흑연의 흡착량의 크기는 놀라울 정도이다.

사고로 사용되는 오일 흡착재의 양은 의외로 많다. 오일을 흡수한 팽창 흑연은 그대로 태워 버리게 될 것이다. 가격이 저렴하지 않으면 사용할 수 없는데, 유감스럽게도 팽창 흑연은 폴리프로필렌제 매트에 비해서 훨씬 비싸다. 팽창 흑연 대신에 목재에서 취출한 섬유 모양의 숯을 사용하여 유사한 실험을 진행하고 있다. 잘된다면 원유 유출 사고를 해결하는 구세주가 될 수도 있다.

2.2. 탄소 섬유의 예상 밖 효용

금속이 몸속에 들어오면 우리의 몸은 그것을 몸 밖으로 내보내려고 한다. 이것을 생체의 거부 반응이라고 한다. 그런데 탄소 재료로 만든 인공 뼈나 치아를 몸 안에 심으면 그러한 반응은 일어나지 않는다. 탄소 재료는 생체와의 친화성이 높기 때문에, 생체와 연속된 조직을 만들어 일체화하는 것이다.

옛날부터 숯의 효능은 여러 가지로 알려져 왔다. 숯을 밭에 뿌리면 야채가 잘 자란다. 숯은 토양 개선재이다. 숯에 기착한 미생물의 작용 때문이라고 한다. 숯은 미생물과도 친화성이 있다.

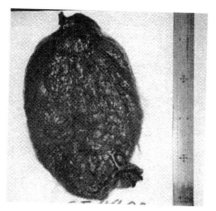

둥글고 탄력 있는 덩어리로 되어 있다.

〈그림 2-6〉 탄소 섬유에 달라붙은 활성 오니

이러한 현상은 경험을 통해 알게 되었다. 최근에 이르러서는 미생물과 숯과의 관계를 과학적으로 분석하기 시작하였다. 발단이 된 것은 탄소 섬유와 미생물의 관계에서였다.

활성 오니(活性汚泥)가 들어 있는 수중에 탄소 섬유를 매달고, 그곳에 공기를 불어 넣어 탄소 섬유가 흔들리게 한다. 얼마 지나면 탄소 섬유에 활성 오니가 달라붙기 시작하고, 결국에는 〈그림 2-6〉처럼 탄력이 있는 덩어리로 변한다.

활성 오니는 수십 종류나 되는 세균과 섬모충 같은 원생동물이 접속한 것인데, 유기물, 질소, 인의 화합물 등을 영양원으로 하여 분해하도록 사육된 미생물 집단이다.

활성 오니가 대량으로 달라붙은 탄소 섬유의 덩어리를 사용하면 하수 등을 효과적으로 정화할 수 있다. 참고로 무명, 나일론, 폴리에틸렌 등의 섬유를 사용하여 같은 실험을 하여도 절대로 탄소 섬유만큼은 활성 오니가 달라붙지 않는다. 이로써 탄소 섬유와 미생물 사이에 무엇인가 특별한 관계가 있음을 알 수 있다.

탄소와 미생물 사이의 관계는 우리의 생활과도 더욱더 관련이 있을 것으로 생각된다. 이 사실을 예측하게 하는 예로, 미생물과 탄소 섬유 사이의 관계를 이용한 몇 가지 새로운 시도를 소개하기로 한다.

2.2.1. 물을 정화한 예

(가) 도시 하수 처리

현재 가장 보편적으로 사용되는 하수 처리 방법은 활성 오니법이다. 그러나 이 방법으로는 하수 중의 질소는 제거할 수 없다. 또 장시간 사용하면 활성이 떨어져 잉여 오니가 되어 박리된다.

한편, 탄소 섬유를 사용하여 시민 200명분의 생활 배수를 정화하는 연구가 일본에서 진행되고 있다. 정화조에 탄소 섬유를 매달아 생활 오니가 달라붙게 하여 하루에 60톤의 하수를 처리하였다. 하수 정화조 안의 탄소 섬유에 달라붙은 오니 모양의 미생물을 〈그림 2-7〉에 보였다.

이미 2년 반 이상이나 실험이 이어지고 있다. 지금까지의 결과에 의하면, 탄소 섬유를 사용하는 방법은 오니의 활성이 오래 이어지고,

〈그림 2-7〉 하수 정화조 안의 탄소 섬유에 달라붙은 오니 모양의 미생물

잉여 오니의 발생량은 매우 적다. 유기물과 질소 등의 제거율도 이제까지의 방법과 같은 정도이므로 충분히 실용화의 가능성이 엿보인다.

활성 오니는 1가닥 1가닥의 가는 탄소 섬유 표면에 빼곡히 달라붙는다. 같은 용적의 정화조라면 재래 방법보다도 훨씬 많은 양의 활성 오니를 이용할 수 있으므로, 처리 능력은 이제까지의 방법보다 3배 정도 향상될 것으로 기대된다.

오스트레일리아의 반사막 지대인 캘거리에서는 물이 매우 귀하므로 온갖 아이디어를 구사하여 물을 유효하게 사용하고 있다. 주택에서 나온 하수를 이 방법으로 처리하여 다시 시용하는 시스템 개발이 진행 중에 있다.

(나) 공원의 호수나 도시 하천수의 처리

일본 군마현의 다카사키 시에 소재하는 Y묘원에는 넓이 $860m^2$, 깊이 80cm의 연못이 있다(〈그림 2-8〉 참조). 소풍객들이 연못에 사는 잉어에게 먹이를 주므로 수중의 질소와 인의 농도가 높아지고, 수온

떼 밑에 매단 탄소 섬유에 의해서 물은 정화되었다.

〈그림 2-8〉 다카사키(高崎) 시에 소재하는 Y묘원의 연못

이 상승하는 여름철에는 녹조가 대량으로 발생한다. 녹조류의 일종인 청떼는 수질을 현저하게 악화시키므로 600톤이나 되는 연못의 물을 자주 갈아 주지 않을 수 없었다. 그래서 탄소 섬유를 이용한 정화 실험을 실행해 보았지만 이 방법도 만능은 아니었다. 녹조류 같은 큰 조류는 그대로는 분해되지 않기 때문이었다.

다른 수단이 강구되었다. 대량으로 발생한 녹조류를 일단 죽인 다음 미생물로 처리하는 방법이었다. 구체적으로는 정수 장치를 순환하는 연못 물에 오존을 용해시켜서 녹조류를 죽이고, 연못에 간벌한 목재로 뗏목을 만들어 띄워서 거기에 탄소 섬유를 매달았다.

그 결과 〈표 2-1〉에 보인 바와 같이 효과는 즉각 나타났다. 표에서 SS는 모래와 진흙 등 수중에 부유하고 있는 미소한 불용성 물질을 뜻한다. 1996년 10월에 실험을 시작한 이래 오늘에 이르기까지 녹조류는 전혀 발생하지 않았다고 한다. 수중의 질소량도 감소하였다.

〈표 2-1〉 다카사키 시 소재 Y묘원 연못에 탄소 섬유를 이용한 물 정화 결과

분석항목	연 월	1996	1997			1998			
		10	4	8	12	1	4	8	12
pH		9.2	7.7	9.2	7.7	7.7	8.6	8.4	7.3
BOD	(mg/L)	12	4	4	1	0.4	1	6	1
SS	(mg/L)	25	4	6	1	1	2	2	2
전 질소	(mg/L)	2.1	0.85	0.74	0.14	0.13	0.27	0.27	0.33
전 인	(mg/L)	0.1	0.05	0.05	0.03	0.03	0.03	0.03	0.03
클로로필 a (μg/L)		310	14	12	1	1	4	15	6
투시도		9.8	>50	>50	>100	100	100	80	100
수온	(℃)	14.5	16.5	28.0	9.0	2.0	21.0	28.0	24.5

BOD : 생물학적 산소 요구량, SS : 부유 물질량

하천에 대한 사례도 있다. 일본 군마현의 후지오카 시에 있는 나카 가와(中川)는 주택지 인근을 흐르므로 주민들의 생활 오·폐수가 유 입하여 하천수가 심하게 오염된 상태였다.

이 하천 옆에 너비 1.5m, 깊이 0.5m, 길이 100m의 콘크리트제 U 자형 도랑을 만들었다. U자형 도랑에 탄소 섬유를 매달고 거기에 총 량 22톤의 하천수를 2~4시간 동안 천천히 통과시켜서 다시 하천으 로 되돌렸다. U자형 도랑을 통과한 이후의 물의 투시도는 확실히 향 상되어 오염은 현저하게 개선되었다.

그러나 탄소 섬유를 사용하는 이 정화법은 아직 실용화되지는 않 았다. 실용화에 이르면 예측하지 못했던 문제가 발생하는 경우가 곧 잘 생긴다. 그러나 지금까지의 결과로 볼 때 가까운 장래 실용화될 것으로 본다.

2.2.2. 탄소 섬유로 물을 정화하는 방법

탄소 섬유를 이용하면 수질을 정화할 수 있다. 그것은 많은 양의 활성 오니가 탄소 섬유에 달라붙기 때문이다. 탄소 섬유에 활성 오니 가 대량으로 달라붙는 원인은 아직 완전하게 규명되지는 않았다. 그 렇지만 지금까지 밝혀진 메커니즘의 개요를 설명하면 다음과 같다.

탄소 섬유에 활성 오니가 대량으로 달라붙는 이유는 두 가지로 생 각된다. 하나는 탄소 섬유의 물리적 특성에서 연유하는 것이고, 다른 하나는 탄소재와 미생물 사이의 특수한 관계에서이다.

탄소 섬유는 PAN을 원료로 하는 것과 피치를 원료로 하는 것이 있 다. 물 정화에 사용된 것은 PAN을 원료로 하는 것인데 지름은 $7\mu m$ 이다. 이 지름은 나일론이나 폴리에틸렌 같은 보통 합성 섬유의 절반 이하이다. PAN계 탄소 섬유는 보통 합성 섬유의 10배 내지 100배나 강직하다. 따라서 PAN계 탄소 섬유는 가늘고 강직한 섬유이다.

이 가는 탄소 섬유를 한 가닥씩 다루기는 무척 어렵다. 보통은

12,000가닥의 탄소 섬유가 하나의 묶음으로 되어 있다. 물 정화에는 이 묶음을 다시 10묶음 정도로 묶어서 사용한다. 물속에 넣으면 탄소 섬유는 다시 1가닥 1가닥으로 떨어진다. 별로 강직하지도 않은 나일론 등은 서로 엉겨 붙게 된다.

탄소 섬유가 수중에서 1가닥씩 떨어진다는 것은 물과 접촉할 수 있는 섬유의 면적이 크다는 것, 다시 말해서 수중에 있는 미생물이 탄소 섬유와 접촉할 기회가 많다는 것을 의미한다. 미생물이 탄소 섬유에 신속하게 또한 대량으로 달라붙는 것이 기본적인 이유인 듯하다.

또 하나의 중요한 사실이 있다. 대량으로 달라붙은 미생물이 활기차게 활동한다는 점이다. 이렇게 되기 위해서는 미생물에게 산소와 영양분을 끊임없이 공급해야 하는데, 미생물에 있어서 영양분은 바로 물의 오염이므로 오염된 물을 보내 주면 된다.

다소 이상하게 생각할 수 있겠으나, 탄소 섬유는 물의 움직임에 순응하여 부드럽게 흔들린다. 물속에서 가볍게 흔들리는 탄소 섬유는 펌프와 같은 작용을 한다. 〈그림 2-9〉는 이를 보인 것이다. 그 결과 탄소 섬유 구석구석에 오수가 스며들고, 이 활성 오니에 의해서 물은 정화

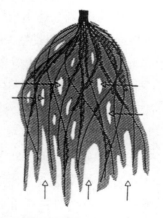

〈그림 2-9〉 수중에서 물의 움직임에 맞추어 움직이는 탄소 섬유의 펌프 운동

되어 배출된다. 탄소 섬유가 펌프처럼 작용하는 것은 탄소 섬유가 가늘고 강직하며 물의 움직임에 부드럽게 연동할 수 있기 때문이다.

그런데 가장 본질적인 의문은 미생물은 어째서 탄소 재료에 높은 친화성을 나타내느냐는 것이다. 그것은 양자 사이에 특수한 관계가 있기 때문이다. 어느 정도 고온으로 하거나 고농도의 염분이 있으면 세균은 증식하지 못한다. 그러한 환경을 "세균이 스트레스에 걸려 있다"라고 한다. 하지만 스트레스가 걸린 세균 옆에 숯을 놓으면 이상하게도 균은 건강하게 다시금 증식을 하게 된다.

처음에는 이러한 균은 특수한 것이라고 생각하여 호탄소균(好炭素菌)이라고 불렀다. 그러나 이 균은 결코 특별한 것이 아니고 흙 속이나 늪, 대기 중에 보편적으로 다수 존재한다는 사실이 밝혀졌다.

숯이 옆에 있으면 세균이 힘을 얻는다. 자세한 실험의 설명은 생략하지만, 그 이유는 다음과 같다.

자연계에는 눈에 보이지 않는 온갖 전자파가 뒤섞여 날고 있다. 그러한 전자파가 숯에 닿으면 숯은 이것을 음파로 바꾼다〈그림 2-10〉

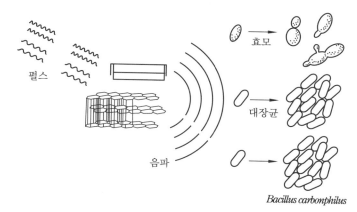

〈그림 2-10〉 탄소와 우뭇가사리가 자연계로부터 광에너지를 받아 음파로 변하여 미생물에 작용하고 있는 예

참조). 그것도 세균을 활기차게 하는 특정한 파장을 가진 음파인데, 이 음파를 바이오소닉이라고 한다.

바이오소닉으로 힘을 얻어 증식한 세균은 콜로니를 만든다. 그러면 콜로니 세균도 강한 바이오소닉을 발생한다. 세균의 대합창인 셈이다. 이렇게 됨으로써 다음 세균도 활기를 띠어 콜로니를 만들므로 꼬리를 물고 콜로니가 증가한다. 즉, 세균이 증식하게 된다.

그 후에 연구가 진전됨에 따라 새로운 사실이 잇따라 발견되었다. 예를 들면, 우뭇가사리와 납, 토양 등도 숯과 마찬가지 작용을 한다는 사실, 우뭇가사리와 같은 겔 모양의 물질과 탄소재를 함께하면 그러한 효과가 더욱 강하게 나타난다는 사실, 호탄소균만큼 현저하지는 않지만 대장균이나 효모 등도 마찬가지 거동을 나타낸다는 사실들이 밝혀졌다.

이러한 현상을 모두 모순 없이 설명할 수 있는 단계에까지는 아직 체계화되어 있지 않지만, 아무튼 매우 흥미로운 메커니즘이다.

2.2.3. 환경을 수복하는 인공 녹조장

(가) 빙어의 번식

겨울이면 소양호나 파로호 등에는 빙어 낚시꾼이 몰려든다. 하지만 최근 몇 년 사이 눈에 띄게 빙어의 양이 줄어들고 있다는 사실이 현지 어부들과 낚시꾼들의 하소연이다. 일본에서도 하루나(榛名) 호는 빙어 낚시로 유명한 곳인데, 요 몇 해 사이 빙어의 양이 크게 감소하여 현지 어업협동조합이 여러 가지 대책을 강구하였지만 생각대로 쉽게 늘지 않았다고 한다.

그래서 찾아낸 대안이 탄소 섬유의 활용이었다. 호수에 쳐 놓은 탄소 섬유에 균이나 조류가 대량으로 달라붙으면, 그것을 먹이로 하는 물벼룩 같은 동물 플랑크톤이 모인다. 플랑크톤이 모이면, 그것을 먹이로 하는 작은 물고기류가 모여들기 마련이다.

〈그림 2-11〉 탄소 섬유에 산란한 모습

여러 가지 모양의 탄소 섬유와 탄소 섬유의 편직물을 수심 3~5m의 호수 바닥에 설치하고, 그 옆에 수중 비디오를 설치하였다. 〈그림 2-11〉은 그 모습을 촬영한 한 장의 사진인데, 탄소 섬유에 물고기의 알이 많이 달라붙어 있는 것을 볼 수 있다. 그 후에 그 알들이 모두 부화되어 건강하게 헤엄쳐 다니는 치어의 모습을 수중 비디오를 통해 확인할 수 있었다.

비교하기 위해 함께 설치한 나일론 섬유와 부근에 있는 천연 수초에서는 산란한 모습을 전혀 찾아볼 수 없었다. 규모를 확대한 실험이 진행 중에 있으므로, 멀지 않은 장래에 강태공들을 기쁘게 할 날이 올 것으로 믿는다.

(나) 바닷속의 숲

3면이 바다로 둘러싸인 우리나라는 긴 해안선을 가지고 있다. 그러나 그 50% 이상은 이제 자연 해안은 아니다. 지난날 풍요로웠던 해안 가까이의 조류장(藻類場)도 크게 감소했다.

규조류는 태양광을 충분히 받아 자라난 바닷속의 숲이다. 그 숲은 물고기의 산란 장소이고, 작은 물고기에게는 적으로부터 몸을 숨길 수 있는 장소이기도 하다. 그러므로 바닷속의 규조류는 바다의 건강

〈그림 2-12〉 바닷속에 탄소 섬유를 매달기 위해 사용한 시설

상태를 나타내는 하나의 바로미터이다.

감소한 천연 규조류 대신에 탄소 섬유를 사용한 인공 규조류장을 만드는 시험이 일본의 시스오카 현 스루가 만에서 실시되고 있다. 기본적인 구상은 하루나 호의 경우와 마찬가지이다.

〈그림 2-12〉는 그 시설의 하나이다. 해면 아래 1m의 여울에 설치된 탄소 섬유 다발의 한 쪽을 추에 고정하고 다른 쪽은 뜨게 한다. 그러면 탄소 섬유 다발은 바닷물 속에서 물결을 따라 출렁거린다. 24

〈그림 2-13〉 바다에 담근 지 24시긴 후에 탄소섬유를 펼쳤을 때 볼 수 있는 점착성 막

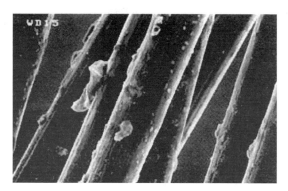

〈그림 2-14〉 바다에 침전시켜 하루가 지난 후 탄소 섬유 표면에 달라붙은 부착물

시간 정도 경과한 뒤에 인양하여 탄소 섬유를 펼쳐 보았더니 마치 엷은 막이 형성된 것 같았다(〈그림 2-13〉 참조). 그리고 2~3일 후에는 탄소 섬유가 다소 끈적끈적했다. 탄소 섬유 표면에 균류가 달라붙고, 그것들이 분비한 점액물인 듯하였다(〈그림 2-14〉 참조). 탄소 섬유 표면에 엷은 막이 쳐지고, 군데군데 균이 돌기 모양으로 달라붙어 있었다.

1주일 정도 지나자 탄소 섬유의 표면은 갈색으로 변하였다. 미소한 규조류가 탄소 섬유 위에 뿌리를 뻗듯이 고착하기 시작한 것이다(〈그림 2-15〉 참조). 규조류의 고착과 동시에 섬유 다발 안에는 동물

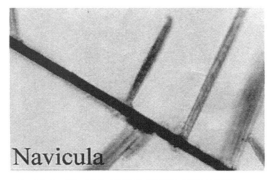

〈그림 2-15〉 탄소 섬유의 표면에 생긴 규조류

플랑크톤도 볼 수 있었다. 이상하게도 규조류는 1개월 전후까지는 계속 증가하였지만 그 후에는 감소하였다. 동물 플랑크톤과 작은 동물들이 규조류를 먹이로 한 것 같았다.

기대했던 대로 물고기들이 모여들기 시작하였다. 설치 후 10일 정도 지나자 몇 mm 이상의 새우류와 같은 작은 물고기들이 탄소 섬유 속에 서식하는 것을 발견할 수 있었고, 새우류는 그 후에도 계속해서 늘어났다.

이렇게 되자, 이와 같은 작은 동물과 규조류를 찾아서 물고기가 나타났고, 시설물 주위를 헤엄쳐 다니기 시작하였다. 몇 달 뒤에는 이미 탄소 섬유는 모습을 찾아볼 수 없을 정도로 많은 규조류가 빈틈없이 달라붙었다. 그리고 더욱 시간이 지나자 비교적 큰 동물도 늘어나고, 탄소 섬유는 굳어 버린 상태가 되었다. 물속에서 나풀거리던 탄소 섬유 다발이 굳어지자, 그곳에 고착하는 규조류와 작은 동물의 종류에도 변화가 나타났다.

(다) 바닷물의 정화

근해의 바닷물은 오염이 심각하다. 때문에 바닷물에 탄소 섬유를 매달아 정화 상태를 확인하고 싶지만, 넓고 깊은 바다에서는 그 효과가 명확하게 나타날 것 같지 않았다. 그래서 작은 바다 즉 수족관 등에서 사용하는 지하 해수의 정화를 일본에서 시험하여 얻은 결과를 소개하고자 한다.

현재 사용되고 있는 해수 정화 방법은 약제 및 폴리우레탄 필터를 사용한 생물학적 처리법이다. 지하 해수는 망간을 다량으로 함유하고 있으므로 우선은 망간 제거를 목적으로 하였다. 〈그림 2-16〉에 보인 결과와 같이, 탄소 섬유법은 재래식 방법보다도 신속하게 망간을 제거할 수 있었다. 약제를 전혀 사용하지 않는 이 방법은 자연에

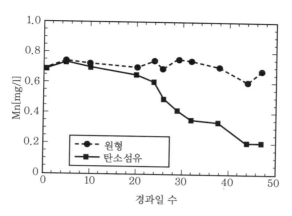

〈그림 2-16〉 탄소 섬유를 사용한 경우와 사용하지 않은 경우의 지하 해수 중의 망
간 함유량 비교

가까운 정화 방법이므로 높은 평가를 받고 있다.

어째서 망간이 신속하게 제거되는 것일까? 처음에 규조류가 탄소 섬유에 달라붙는 것은 지금까지와 같다. 이 규조류가 망간을 산화하는 세균의 기생을 촉진하기 때문에 망간이 섬유 표면에 농축된다. 망간 산화 박테리아가 선호하는 규조류가 탄소 섬유에 신속하게 달라붙는 것이 망간을 제거하는 핵심이다.

망간뿐만 아니라 질소와 인을 제거한다는 사실도 확인되었다. 탄소 섬유의 설치 방법과 해수의 유수(流水) 방법 등을 잘 제어하면, 해수 중의 유해 화학 성분을 효과적으로 제거할 수 있을 것이다.

나노 과학 기술의 원조 풀러렌

나노 과학 기술이라는 말은 1980년대 이후에 처음으로 등장한다. 처음 보는 흥미로운 분자들의 발견, 특히 평범한 원자인 탄소로 되어 있는 새로운 분자들이 발견되면서 새로운 과학 기술이 탄생한다. 바로 새로운 탄소 재료를 기반으로 한 나노 과학 기술이다.

앞에서 설명한 바와 같이, 다이아몬드와 흑연은 성질이 판이하게 다른 탄소로만 되어 있는 탄소 동소체이다. 이 두 동소체의 성질은 탄소 원자의 배열이 어떻게 되어 있는가에 따라 결정된다.

탄소 원자가 3차원 공간에서 서로 강하게 결합하여 어느 각도에서 보거나 대칭적으로 배열되어 있는 물질이 다이아몬드이다. 한편 흑연은 탄소 원자들이 층을 이루면서 층 안에서만 강하고 층과 층은 약하게 결합되어 있다. 흑연으로 만든 연필로 글씨를 쓰면 흑연층이 미끄러지면서 벗겨져 그 흔적이 종이에 남는다.

〈그림 3-1〉 풀러렌과 축구공의 비교

1980년대 중반에 일대 전환기를 맞는다. 마술의 개수만큼 지닌 탄소 원자만으로 되어 있는 나노 과학 기술의 원조 격인 분자를 발견한다. 바로 C_{60}이라는 분자이다. 〈그림 3-1〉에 축구공 모양의 풀러렌(fullerene) 모형을 보였다.

3.1. 풀러렌의 매력

2001년에 출판된 파브르(J. H. Fabre)가 쓴 「암호해독」이라는 소설에 풀러렌이 처음으로 등장한다. 이 소설에서는 언어학자 리처드 스콧과 그의 동료들이 잃어버린 이상향 아틀란티스를 찾아다니다 사람 크기의 점토판을 발견하고 그것에 새겨진 암호를 해독한다. 버키볼(buckyball), 나노 기술, 복합계 이론 등을 암호에서 찾아낸다. 아틀란티스를 건축한 벽돌이 풀러렌 C_{60}이며 비금속 자석으로 C_{900}도 해독해 낸다. 풀러렌이 매력 넘치는 재미있는 공상의 대상이 되었다.

풀러렌 C_{60}의 존재는 1970년에 처음으로 일본 도요하시기술과학대학(豊橋技術科學大學)의 오자와 교수에 의해 예측되었다. 사발 모양의 코라눌렌(corannulene) 분자가 그때까지는 발견되지 않은 축구공 모양 분자의 기본으로 실제로 축구공 모양 분자도 존재할 수 있다고 하였다. 〈그림 3-2〉에 코라눌렌 분자의 모형을 제시하였다. 오자와 교수는 그의 아이디어를 일본 학회지에만 발표하고 유럽과 미국에는 발표하지 않았다.

같은 해 미국 원자력연구기구의 헨슨 박사도 C_{60}의 구조와 모형을 제안하였는데, 불행하게도 그의 동료에 의해서도 탄소로만 되어 있는 새로운 형태의 분자를 인정받지 못했고, 결과를 출판하지도 않았다. 1999년 이러한 사실이 『Carbon』이라는 학술지에 언급되었을 뿐이다.

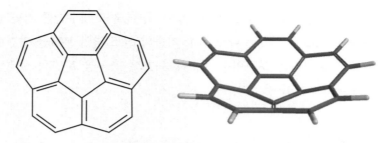

〈그림 3-2〉 코라눌렌 분자의 모형

1985년 영국 서섹스 대학의 크로토(H. Kroto)와 미국 라이스 대학의 컬(R. Curl)과 스몰리(R. Smalley)가 대학원생 히스(R. Heath)와 오브라이언(S. O'Brien)과 함께 탄소 원자가 60개인 새로운 탄소 동소체를 실험실에서 발견하였다. 새 분자에 이름을 붙이기 위해 크로토는 1967년 캐나다 몬트리올에서 열린 만국 박람회에서 미국 건축가 벅민스터 풀러(Buckminster Fuller)가 지은 미국관의 기하학적 돔을 떠올린다(〈그림 3-3〉 참조).

이 건물 구조가 C_{60}과 비슷하다고 생각해서 새롭게 발견한 분자 이름을 벅민스터풀러렌(Buckminsterfulleren)이라고 명명하였다. 지금은 단순히 풀러렌 또는 버키볼이라고 부르기도 한다. 그 후 탄소가

〈그림 3-3〉 1967년 벅민스터 풀러가 지은 몬트리올의 생물 세계

70, 76, 84, 120, 240, 540, …인 새로운 풀러렌계 분자가 계속 발견되고 있다. 1996년 크로토, 컬, 스몰리는 풀러렌을 발견한 공로로 노벨 화학상을 수상하였다.

이러한 종류의 분자는 실험실 밖에서도 생성되는데, 이를테면 일반 초의 검댕이, 번갯불에 의해서도 생성되는 것을 알아내었다. 1992년에는 러시아 카렐리아(Karelia)의 Shungites 광물에서도 이 분자는 발견되었다.

2010년에는 풀러렌 C_{60}이 6,500광년 떨어진 별을 둘러싸고 있는 우주 먼지에서도 발견되었다. 나사의 스피처 적외선 우주 망원경을 사용해서 풀러렌의 존재를 알아낸 것이다. 크로토 경의 "은하계가 생성되기 이전부터 버키볼은 존재했었다."라는 말처럼, 이 분자는 우리가 발견하기를 기다리고 있다가 나타난 것이다.

3.2. 자연의 신비 풀러렌

1991년 도날드 호프만과 볼프강 크래치머의 기술을 이용해서 그램 단위의 풀러렌 가루를 비교적 용이하게 얻을 수는 있었다. 그러나 순수한 풀러렌을 얻는 일과 대량 생산이 문제였다. 〈그림 3-4〉처럼 풀러렌 내부로 이온이나 작은 분자가 끼어 들어가는 것이 순수한 풀러

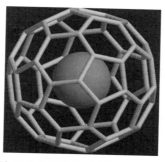

〈그림 3-4〉 불활성 기체 원자가 들어 있는 내향면체 C_{60} 분자 투시도

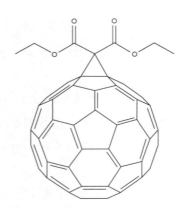

〈그림 3-5〉 빙겔 반응으로 얻은 외향면체 풀러렌의 예

렌을 얻는 데 걸림돌이었다. 1993년에 발견된 빙겔(Bingel) 반응과
같이, 풀러렌은 유기 반응에서 비정상적인 반응물로 용이하게 작용
하기 때문이다.

풀러렌은 물에 전혀 녹지 않는다. 〈그림 3-5〉처럼 적당한 기를 빙
겔 반응으로 붙이면 용해도가 증가한다. 폴리머를 쉽게 만드는 기를
붙이면 풀러렌 폴리머도 얻는다. 이렇게 풀러렌에 여러 가지 기능을
부여하여 풀러렌 분자의 성질을 바꾸게 되면, 용해도뿐만 아니라 전
기 화학 행동도 바뀌어 기술적으로 응용하는 영역을 넓힐 수 있다.

〈그림 3-5〉는 빙겔 반응으로 얻은 빙겔 풀러렌의 한 예를 보인 것
이다. 풀러렌에 기능을 부여하는 경우 두 종류의 풀러렌을 얻을 수
있다. 즉, 치환체가 〈그림 3-4〉처럼 풀러렌 새장 안쪽으로 들어가는
내향면체(endohedral) 풀러렌과, 〈그림 3-5〉처럼 바깥쪽에 붙는 외
향면체(exohedral) 풀러렌이 바로 그것이다.

풀러렌 C_{60}은 축구공 모양의 구형 분자로서, 12개의 5각형과 20개
의 6각형으로 구성되어 있다. 오일러의 정리(Euler's theorem)에 의
하면, 12개의 5각형은 n개의 6각형으로 된 탄소 그물을 폐쇄하는 데

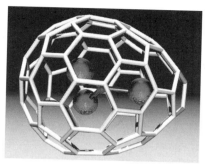

〈그림 3-6〉 고립 정5각형 규칙을 따르지 않는 달걀 모양 내향면체 풀러렌 $Tb_3N@C_{84}$
(출처 : J. Am. Chem. Soc., 2006, 128(35), pp.11352~11353)

필요하다. 그래서 이 정리를 따르는 가장 작은 안정한 첫 번째 분자 가 C_{60}이다. 이러한 구조에서 5각형은 어느 것도 서로 접촉하지 않는 다. 자연은 참으로 신비롭다.

C_{60}과 C_{70}을 구성하는 풀러렌의 정5각형이 모두 고립되어 있다. 그 러나 C_{84}에는 5각형이 고립되어 있는 이성질체가 24개, 그렇지 않은 이성질체가 무려 51,568개나 있다. 정5각형이 고립되어 있지 않은 풀 러렌은 달걀 모양 정점에 두 정5각형이 융합된 형태인 $Tb_3N@C_{84}$와 같은 내향면체 풀러렌만 분리되었다(〈그림 3-6〉 참조).

C_{60}과 C_{70} 모두 정5각형이 분리되어 있다. 이들은 소위 '고립 정5각 형 규칙(IPR)'을 따른다고 한다. 이들과 유사한 C_{84}는 24개의 IPR 이 성질체와 51,568개의 비-IPR 이성질체를 지닌다. $Tb_3N@C_{84}$는 같 은 내향면체 풀러렌을 제외하고 비-IPR 풀러렌은 분리된 적이 없다. $C_{50}Cl_{10}$과 $C_{60}H_8$ 같은 외향면체로 안정화된 풀러렌은 분리되었다.

3.3. 내향면체 풀러렌

공 모양의 풀러렌 내부 공간에 원자, 이온 또는 클러스터가 들어갈 수 있다. 제일 처음 합성된 분자가 란타늄 C_{60} 착체(錯體)로 La@C_{60} 이라고 표시한다. @라는 부호는 껍질 내부에 작은 분자가 잡혀 있음을 나타낸 것이다. 두 종류, 즉 금속이 잡혀 있는 경우와 비금속이 첨가되어 있는 착체가 존재한다.

3.3.1. 내향면체 금속 풀러렌

양전기 금속이 잡혀 있는 풀러렌은 아크 반응기나 레이저 증발기에서 생긴다. 금속으로는 란타늄과 세륨과 같은 전이 금속과 스칸듐, 이트륨과 같은 것들이다. 바륨, 스트론튬과 같은 알칼리 토금속 및 칼륨과 같은 알칼리 금속과도 착체를 만든다. 그뿐 아니라, 우라늄, 지르코늄, 하프늄과 같은 3가 금속과도 착체를 만든다.

아크 반응기에서 합성하면 다양한 풀러렌이 생긴다. 채워지지 않은 풀러렌 외에 내향면 금속 풀러렌은 크기가 다른, 이를테면 La@C_{60} 또는 La@C_{82} 등이 합성된다. 주로 금속이 1개만 들어 있는 것이 생성되지만, 2개 들어 있는 내향면체 착체와 Sc_3C_2@C_{80}과 같은 3개 들어 있는 풀러렌도 분리되었다.

1998년에 찾아낸 발견이 큰 관심을 끌었다. 즉, Sc_3N@C_{80} 합성으로 분자도 풀러렌 속에 삽입할 수 있게 된 것이다. 이 화합물은 흑연 봉에 산화스칸듐, 질화철 및 흑연 가루를 넣고 300토르(torr) 압력의 질소 분위기에서 1,100°C까지 올린 온도에서 아크-증발법으로 합성한 것이다.

내향면체 금속 풀러렌은 전자들이 금속에서 풀러렌으로 옮겨 가는 특성을 지니고 있다. 또한 금속 원자는 케이지의 중심에서 벗어나는 위치를 취한다. 전하 이동의 크기는 간단하게 측정할 수는 없다. 대부분 La_2@C_{80}의 경우는 2 내지 3 전하 단위이지만 Sc_3N@C_{80}에서는 6개의 전자가 이동한다. $\langle Sc_3N \rangle^{+6}$@$\langle C_{80} \rangle^{-6}$으로 설명할 수 있다.

이러한 음이온성 풀러렌 케이지는 매우 안정한 분자로, 일반적인 비어 있는 풀러렌과 비교할 때 반응성이 전혀 없다. 매우 높은 온도까지 올려도(600~850℃) 공기 중에서 안정하다. 풀러렌을 기능화하는 프라토(Prato) 반응은 빈 풀러렌으로는 모노애덕트(monoadduct)만 생긴다.

내향면체 풀러렌을 응용할 수 있는 한 분야를 든다면, 방사성 동위원소를 넣은 내향면체 금속 풀러렌의 개발이다. 이러한 착체는 유도 미사일과 같이 병든 세포만을 공격할 수 있기 때문에 암 치료용으로 개발하고 있는 중이다. 착체의 크기가 매우 작고 인체 내부에서 생화학적 공격에 저항하기 때문에 이러한 목적으로 사용하기에는 이 착체가 매우 이상적이다. 방사성 동위 원소가 풀러렌 새장 속으로 쉽게 들어가 건강한 세포에는 거의 해를 주지 않는다. 방사성 탐침 목적으로 사용하는 방사성 풀러렌 분자도 개발 중에 있다.

3.3.2. 비금속이 도핑된 풀러렌

1993년 Saunders사에서는 C_{60}을 3바(bar) 압력으로 영족 기체에 노출시키면 내향면체 착체 He@C_{60}과 Ne@C_{60}이 형성됨을 보였다. 이러한 조건 하에서 C_{60} 65만 개 중에서 1개에만 헬륨 원자가 도핑되었다. 3킬로바 압력 하에서 헬륨, 네온, 아르곤, 크립톤 및 크세논과 내향면체 착체를 형성함으로써 영족 기체 0.1%까지 혼입되었음을 실증하였다.

영족 기체는 화학적으로 매우 안정하여 독립적으로 존재하는 반면, 질소나 인의 경우는 그렇지 않다. 이들 기체는 N@C_{60}, N@C_{70}과 P@C_{60} 같은 내향면체 착체를 만든다. 이러한 사실은 놀라운 일이었다. 질소 원자는 반응성이 있는 반면 N@C_{60}은 대단히 안정하다. 그래서 말론산에틸에스테르가 1개에서 6개가 붙는 외향면체 유도체 부가 화합물을 만들 수 있다. 이러한 화합물에서 풀러렌 새장 중심에 있는 질소 원자에서는 전하 이동이 일어나지 않는다.

내향면체 착체에 들어 있는 중심 원자는 풀러렌 새장의 중심에 들어간다. 다른 원자들을 들어가게 하려면 특수한 장치, 이를테면 레이저 냉각 장치 또는 자기 덫 등이 필요하다. 이러한 내향면체 풀러렌은 실온에서도 안정하다. 그래서 원자 덫이라고 할 수 있는데, 이러한 원자 또는 이온 덫은 매우 흥미롭다. 잡혀 있는 화학종은 주위와 상호작용을 하지 않으며 독특한 양자역학적 현상을 나타내기 때문이다.

금속 내향면체 화합물과는 반대로, 이들 착체는 아크에서 생성되지 않는다. 기체 방전을 사용하여 원자를 풀러렌에 끼워 넣거나, 또는 이온을 직접 끼워 넣기도 한다. 내향면체 수소 풀러렌은 풀러렌을 유기 반응으로 열고 닫는 과정을 통해 생성된다.

3.4. 외향면체 풀러렌

새장처럼 생긴 둥근 풀러렌 바깥쪽에 원자, 분자 및 착체를 붙일 수 있다. 이러한 착체를 외향면체 풀러렌(exohedral fullerenes)이

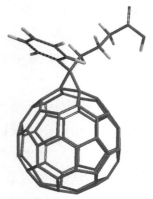

〈그림 3-7〉 생물학적 성질을 지닌 외향면체 풀러렌의 예

라고 한다. 〈그림 3-7〉에 생물학적 성질을 지닌 외향면체 풀러렌의 한 예를 보였다.

3.4.1. 수소 저장

수소 연료 전지로 움직이는 미래의 자동차에 필수적인 수소 저장 매체로 풀러렌이 관심을 끌고 있다. 수소 전도도가 높아 수소 교환막 연료 전지의 구성 성분이 될 수 있기 때문이다. 수소 저장 밀도는 9wt%까지 높일 수 있으며, 실온과 대기압 하에서 거의 9wt%가 가역적으로 회수됨이 실증되었다.

C_{60}을 붕소로 도핑하여 $C_{48}B_{12}$로 만들면, 풀러렌의 무게를 경감할 수 있고, 결합 에너지가 증가하여 착체의 안정성을 높일 수 있다. C_{60}과 붕소로 도핑한 $C_{48}B_{12}$에 스칸듐(Sc)을 붙여 $C_{60}\langle ScH_2 \rangle_{12}$와 $C_{48}B_{12}\langle ScH \rangle_{12}$를 만들면 Sc당 수소 분자를 추가로 결합시킬 수 있어 회수할 수 있는 수소 분자의 양을 증가시킬 수 있다. 수소를 펜타디엔 고리에 붙여 전이 금속 착체를 만들면 6개의 수소 분자까지 저장할 수 있다.

일본 소니(SONY) 사는 버키볼을 사용하여 효율이 좋은 연료 전지용 막을 개발하고 있다.

3.4.2. 의학용 풀러렌

풀러렌은 인체에서 약물 전달 매체로 응용 가능성이 있다. 풀러렌이 지닌 고유한 성질이 제약 산업에 종사하는 연구자들의 상상력을 끌게 되었다. 그러나 앞에서도 언급한 바와 같이, 이 분자가 지닌 큰 단점은 물에 녹지 않는다는 것이다. 이 한계를 극복하기 위해 여러 가지 방법을 개발하였는데, 그중 한 가지 방법이 물에 대한 친화력이 있는 외향면체 풀러렌을 합성하는 것이다.

외향면체 풀러렌은 인체 내외의 여러 부위를 용이하게 움직일 수

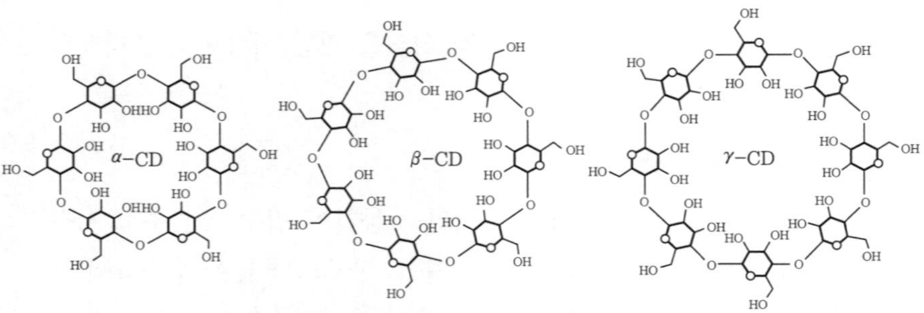

〈그림 3-8〉 사이클로덱스트린 구조

있을 정도로 작다. 그래서 감염된 부위로 직접 약품을 전달할 수 있는 약물 전달 매체로서 유용하게 쓰일 수 있다. 그뿐 아니라, 이러한 풀러렌의 특성을 이용하여 더 깨끗하고 명확한 의학용 영상을 얻기 위한 풀러렌 유도체의 응용 연구도 활발하다. 풀러렌이 영상에 필요한 원소를 필요한 부위에 쉽게 배달할 수 있다.

또 다른 방법으로는, 〈그림 3-8〉에 보인 사이클로덱스트린 계열 화합물 구멍에 C_{60}을 넣어 풀러렌의 용해도 특성을 변화시키거나 또는 물 현탁액을 만드는 것이다.

화학 요법용 항체 분자를 풀러렌 표면에 붙여 외향면체를 만든 뒤 이를 사이클로덱스트린계 화합물에 넣으면 암 치료도 가능하다. 그 이유는 항체가 붙은 풀러렌을 유도 시스템을 이용해서 암 세포만 공격할 수 있기 때문이다. 즉, 암 세포의 독특한 화학 신호를 항체가 인지하게 하여 종양 표면으로 풀러렌이 직접 접근하여 화학 요법 약제를 발사하게 한다. 이는 마치 유도탄으로 적의 진지를 폭격하는 것과 비슷하다.

풀러렌계 유도체는 골다공증 치료 목적으로도 개발하고 있다. 현재 골다공증과 뼈 질환 치료에는 포스포네이트와 폴라로이드 계열 약제를 사용하고 있다. 그렇지만 이들 치료제는 구강을 통해 흡수되

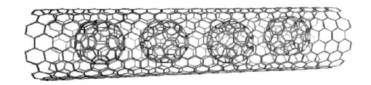

〈그림 3-9〉 나노 꼬투리

지 않으며 독성도 상당히 강하다. 이런 약제를 붙인 풀러렌 유도체를
사용하면 질환이 나타난 뼈에 우선적으로 붙는다.

3.4.3. 나노 꼬투리

탄소 나노 튜브에, 〈그림 3-9〉에 보인 것처럼, 풀러렌 분자를 넣어
만든 꼬투리 형태를 나노 꼬투리(nanopeapods)라고 한다. 그림은
단일 벽으로 된 탄소 나노튜브(SWNTs)에 C_{60}을 넣어 만든 것이다.

나노 꼬투리는 여러 가지 목적으로 응용될 가능성이 매우 높기 때
문에 전통적인 합성 방법은 많은 도전을 받고 있다. 반응은 매우 까
다로운 조건 하에서 일어나며 매우 제한되어 있기 때문이다. 이를테
면, 열적으로 안정한 풀러렌 분자를 고진공 하에서 온도를 적어도
350℃까지 올려야 증기가 되는 문제를 해결해야 한다.

이론 연구에 의하면, 이 반응의 활성화는 약 0.37eV 정도로 낮기 때
문에 실온에서도 반응은 일어날 수 있다. 앞으로 많은 연구가 필요하다.

3.5. 풀러렌의 용도

3.5.1. 유기 광전 변환 장치(Organic Photovoltaics; OPV)

햇빛을 전기로 변환하는 데 풀러렌을 사용할 수 있다. 즉, 광전 변
환 태양 전지 패널을 만들 수 있다.

최근 풀러렌과 폴리머를 혼합해 만든 태양 전지의 효율이 좋다는

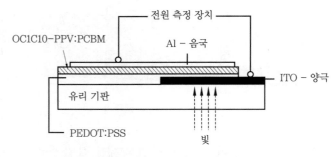

〈그림 3-10〉 광전 변환 장치 모형

것이 알려졌다. 풀러렌이 전자를 받아들이는 n-타입 반도체로 작용하기 때문이다. n-타입 물질을 폴리티오펜과 같은 p-타입 폴리머와 혼합하여 활성층으로 주조하여 복합 반도체 장치를 만들 수 있다.

풀러렌은 큰 면적에 설치할 수 있는 고체 상태의 유기 태양 전지에도 적용 가능하다. 이러한 태양 전지의 핵심이 되는 특색은 다양한 물질의 용액 상태에서 용이하게 가공하는 데 있다. 효율을 태양광의 5%까지 올리는 데 성공하였다. 수명도 수천 시간까지 올렸다.

광전 변환 장치(〈그림 3-10〉)로 흔히 C_{60} 풀러렌 또는 C_{60} 풀러렌 유도체를 사용한다. C_{70}이 광전 변환 효율이 25% 더 증가되는 것으로 판명되었다. 풀러렌을 그대로 사용하거나 용해도가 증가하도록 유도체를 만들어 사용한다.

광전 변환 장치에 흔히 사용하는 유도체로는 C_{60}이나 C_{70}을 사용하면 빛 전환 효율을 25%까지 끌어 올릴 수 있다. C_{60}-PCBB와 같은 유도체를 사용하면 같은 시스템에서 C_{60}-PCBB를 사용하는 것보다 변환 효율을 40%까지 증가시키기도 하였다.

풀러렌 유도체를 사용해서 4.4%의 전지 효율을 낸 기록도 2005년에 나왔다. 이는 활성층 특성이 중요함을 설명하는 것이다. n-타입 물질로 플로렌계 화합물이 무게로 활성층을 75%까지 구성할 수 있다. 태양 전지 효율은 계속해서 증가 일로에 있다. 가까운 미래에 상업화될 것이다.

폴리머 트랜지스터 즉 유기장 효과 트랜지스터(Organic Field Effect Transistors ; OFETs)의 성능도 계속 좋아지고 있다. 풀러렌 n-타입 반도체 성질을 이용한 OFETs는 C_{60}, C_{70}, C_{84}에 기반을 두었다. C_{84}로 만든 풀러렌 OFETs는 C_{60}이나 C_{70}보다 이동성과 안정성이 더 좋았다.

더 많은 연구를 해야겠지만, 폴리머 전자 공학의 세계는 풀러렌과 다음 장에서 다룰 단일-벽 탄소 나노튜브 모두에 활짝 열려 있다.

3.5.2. 알츠하이머 치매 치료 풀러렌

풀러렌은 강력한 항산화제이기도 하다. 풀러렌은 세포 파괴나 죽음의 원인이 되는 자유 라디칼과 빠른 속도로 반응한다. 풀러렌은 산화성 세포 손상과 죽음을 방지하기 위한 개인 용품에 곧 적용될 것이다. 따라서 건강에 이로운 화합물이다. 그뿐만이 아니다. 풀러렌은 산화와 라디칼 공정이 파괴적인 비생리적 분야에도 응용될 것이다. 이를테면, 식품 부패, 플라스틱 제품의 품질 저하 및 금속의 부식 등에도 쓰일 것이다.

메이저 제약업체에서는 풀러렌을 알츠하이머와 같은 질병에서 신경 손상을 조절하는 데 사용하는 연구를 진행하고 있다. 풀러렌의 구조와 성질 및 응용을 라디칼 손상의 결과로 생기는 루게릭(Lou Gehrig) 질병에도 응용하려고 한다. 아테롬성 동맥 경화 치료제, 광에너지 요법 치료 및 항바이러스 약품도 개발되고 있다. 풀러렌은 1개의 풀러렌 분자당 20개 이상의 자유 라디칼을 빨아들여 중화하는 '라디칼 해면체' 와 같이 행동하는 것으로 알려져 있다.

풀러렌은 현재 잘 알려진 비타민 E와 같은 항산화제보다 100배 이상 더 효과적인 것으로 알려졌다. 풀러렌은 아몬드 기름에 잘 녹는다. 그래서 눈 조직에 해를 끼치는 독성 시험에 사용될 수 있다.

3.5.3. 폴리머 첨가제(Polymer Additives)

풀러렌과 풀러렌 블랙은 화학적 반응성이 있다. 특수한 물리 및 기계적 성질을 지닌 새로운 혼성 중합체를 만들기 위해 중합체에 가할 수도 있다. 복합체를 만들기 위해 가할 수도 있다. 풀러렌을 물리적 성질과 성능 개선 목적으로 폴리머 첨가제로 사용하는 연구가 많이 진행되고 있다.

탄소 나노튜브의 매력과 가능성

탄소 재료는 편평한 탄소 육각 망면이 겹쳐 쌓인 결정자로 구성되어 있다는 것은 이미 여러 차례 설명한 바 있다.

이 장에서는 탄소 육각 망면으로 구성된 편평하지 않은 원통형 탄소 재료인 탄소 나노튜브에 대하여 설명하기로 한다.

버키볼이라고도 하는 탄소의 동소체인 나노튜브는 탄소 섬유와는 다르다. 나노튜브의 길이 대 지름의 비를 132,000,000 : 1까지 조립할 수 있다. 어떠한 재료보다 길게 만들 수 있다.

이러한 원통형 탄소 분자는 신기한 성질을 지니고 있다. 그래서 나노 기술에서는 그 잠재적 응용성이 놀라운 것으로 보고 있다. 전자 공학, 광학, 여러 재료 과학은 물론 건축 분야에도 응용 가치를 인정받고 있다. 군함과 전차 따위의 장갑용으로도 사용할 수 있다. 열전달도 좋고 독특한 전기 성질도 지니고 있으며 보기 드물게 강하기 때문이다.

나노튜브는 앞 장에서 살펴본 공 모양의 구조를 지닌 풀러렌 계열에 속한다. 나노튜브의 끝이 풀러렌 구조의 반으로 되어 있다. 나노튜브라는 이름은 바로 튜브의 지름이 사람 머리카락의 1/50,000 정도인 몇 나노미터에서 연유하였다.

현재 검토되고 있는 응용법을 중심으로 탄소 나노튜브의 매력을 살펴보기로 한다.

4.1. 김밥의 매력

탄소 육각 망면을 한 장의 김에 비유한다면, 흑연은 김을 겹쳐 쌓은

흑연 = 김 다발   탄소 나노튜브= 김밥

흑연이 김 다발이라면, 탄소 나노튜브는 김밥

〈그림 4-1〉 흑연과 탄소 나노튜브의 모형

묶음, 풀러렌은 둥근 주먹밥을 싸는 김, 나노튜브는 김초밥의 김이다 (〈그림 4-1〉). 그중에서도 탄소 나노튜브에 대한 관심이 매우 크다.

4.1.1. 탄소 나노튜브의 발견

풀러렌에 대해서는 앞 장에서 이미 설명하였다. 풀러렌 중에서도 대표 선수 격인 축구공 모양인 C_{60}의 구조를 〈그림 4-2〉에 다시 보였다. 앞 장에서 살펴본 바와 같이 C_{60}은 1985년에 발견되었다.

한편, 탄소 나노튜브는 풀러렌을 합성하는 과정에서 우연하게 발견되었다. 제1부 3.3절에서는 아크 방전에 의해서 발생하는 강한 빛의 이용에 대하여 설명한 바 있는데, 불활성 분위기에서 방전시키면 그을음도 동시에 발생한다.

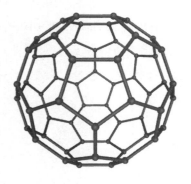

〈그림 4-2〉 풀러렌의 화학 구조

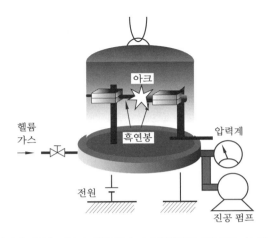

흑연봉 사이에 전압을 가하면 강한 빛(아크)이 발생하고 그을음과 나노튜브가 만들어진다.

〈그림 4-3〉 아크 방전

〈그림 4-3〉에 아크 방전으로 흑연봉 사이에 전압을 가하면 강한 빛 아크가 발생하고 그을음과 나노튜브가 생기는 장치를 보였다.

풀러렌은 이 그을음 속에 포함되어 있는 것으로 생각하였다. 그러나 그 후에 그을음이 아니라 음극 흑연봉 위에 퇴적한 탄소에서 가느다란 튜브 모양의 물질이 생겼음을 발견한 것이다. 풀러렌 발견으로부터 6년이 경과한 1991년이었다.

4.1.2. 탄소 나노튜브는 변화무쌍

탄소 나노튜브의 구조는 〈그림 4-4〉와 같다. 원통형이고 양쪽 끝

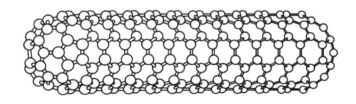

〈그림 4-4〉 탄소 나노튜브의 구조

은 둥글다. 통의 지름은 1nm 정도로 C_{60}과 거의 같다. 앞에서도 언급한 바와 같이, 탄소 육각 망면으로 구성된 원통 양단에 절반으로 절단한 풀러렌을 접합한 구조이다.

그림에서는 원통이 짧게 보이지만, 실제 튜브의 통 길이는 지름의 1,000배 이상이다. 이 특이한 구조가 보통 상식으로는 생각할 수 없는 신기한 성질을 발휘한다.

이 성질을 설명하기 전에, 탄소 나노튜브의 구조를 조금 더 자세하게 설명한다. 실제로는 있을 수 없지만, 〈그림 4-1〉과 같이 탄소 방향족 평면으로 구성된 김을 비스듬히 놓고 두루마리 김밥을 만든다. 양쪽 끝을 잘라 가지런히 하고 속의 밥을 제거한 다음, 끝으로 풀러렌을 절반으로 잘라 양쪽 끝에 붙인다. 이렇게 하면 나노튜브가 완성된 셈이다.

탄소 방향족으로 만들어진 김을 놓는 방법에 따라 원통 모양의 김 탄소 육각형의 배열 방법은 달라진다. 이렇게 만든 3개의 튜브와 그 절단면을 〈그림 4-5〉에 보기로 들었다.

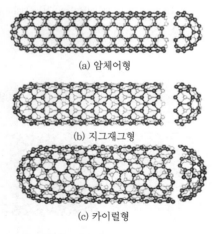

(a) 암체어형

(b) 지그재그형

(c) 카이럴형

〈그림 4-5〉 여러 가지 탄소 나노튜브

위에서부터 차례로 암체어형, 지그재그형, 카이럴형이라고 한다. 암체어와 지그재그의 이름은 절단면이 각각 팔걸이의자 모양과 지그재그 모양을 하고 있기 때문이다. 중요한 것은 나노튜브의 이와 같은 구조와 지름에 따라 성질이 크게 변한다는 사실이다.

계산에 의하면, 암체어형 나노튜브는 모두 금속 성질을 나타낸다. 한편 지그재그형과 카이럴형은 튜브 지름에 따라 〈그림 4-6〉과 같이 금속으로도 되고 반도체로도 된다. 이 예측은 그 후의 실험으로 사실임이 확인되었다.

금속이냐 반도체냐는 물질의 종류에 따라 결정된다고 생각했었다. 금과 은은 금속이고 규소는 반도체이다. 그러나 탄소 나노튜브는, 같은 탄소 원자로 구성되어 있으면서도, 금속으로서의 성질도 나타내고 반도체로서의 성질도 나타낸다.

나노라고 하는 초미시적인 세계에서는 사소한 구조의 차이로도 성질이 확연하게 변하는 수가 있다. 나노 재료의 가장 큰 매력도 여기에 있다. 탄소 나노튜브의 이와 같은 성질을 이용함으로써 초미니 전자 기기의 꿈이 실현될지도 모르는 일이다.

〈그림 4-6〉 변화무쌍한 탄소 나노튜브

4.2. 탄소 나노튜브의 응용

4.2.1. 꿈의 초미니 전자 기기

〈그림 4-7〉과 같이 지름이 다른 탄소 나노튜브를 네스트(nest) 모양으로 하여 여러 층으로 나노튜브를 만든다. 예를 들면, 안쪽은 금속 나노튜브, 바깥쪽은 반도체 나노튜브로 하면 절연막으로 피복된 나노 도선이 된다

네스트 모양의 금속-반도체-금속의 3층 나노튜브를 만들면 나노 콘덴서가 될 것이다. 안쪽 층과 바깥쪽 층의 금속 나노튜브가 〈그림 4-8〉에 보인 두 장의 평판과 같은 역할을 하기 때문이다.

〈그림 4-8〉과 같이 검은 점으로 표시한 탄소 오각형과 칠각형을 조합함으로써 지름이 다른 튜브를 접합할 수도 있다. 물론 금속 나노튜브와 반도체 나노튜브의 접합도 가능하다. 금속과 반도체의 접합은 쇼트키(Schottky) 접합이라고 하여, 반도체 분야에서는 매우 중요하다. 한 방향으로만 전류를 흘리는 소자 즉 나노 다이오드이다.

집적 회로(IC)나 대집적 회로(LSI) 등의 반도체 장치는 실리콘 기판에 미세 가공하여 만든다. 집적도를 높이기 위해 가공 정밀도가 점점 미세하게 되고 있다. 현재 사용되고 있는 리소그래피라는 방법으로는 100nm 정도가 한계이다.

그렇다면 탄소 나노튜브를 사용하면 어떨까? 탄소 나노튜브의 크

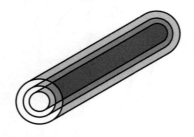

〈그림 4-7〉 원통이 네스트 상태로 되어 있는 다층 나노튜브

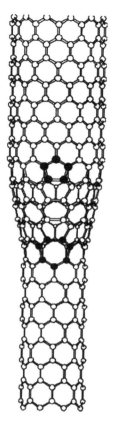

〈그림 4-8〉 오각 고리와 칠각 고리가 함께 들어 있는 나노튜브의 거북등 구조

기는 약 1nm이다. 길이가 두 자릿수 작다는 것은 면적으로는 네 자
릿수 작다는 것을 의미한다. 즉, 실리콘보다 네 자릿수나 큰 집적도
가 가능하다. 같은 크기라면 1만 배나 되는 많은 양의 정보를 기록할
수 있다.

　현재의 실리콘 반도체는 또 하나의 문제를 안고 있다. 고온이 되면
정상으로 작동하지 않게 된다. 집적도가 높으면 높을수록 발열량이
커지므로 냉각하지 않으면 안 된다. 그러나 탄소 나노튜브는 고열에

서도 잘 견디므로 냉각할 필요가 없다. 때문에 반도체 장치로 사용하기에는 안성맞춤이다.

그러나 결코 좋기만 한 것은 아니다. 실용화에 도달하려면 아직도 해결하여야 할 문제가 많다. 나노튜브의 구조 제어도 그러한 문제의 하나이다. 일정한 지름의 단층 나노튜브를 만든다거나 금속–반도체–금속의 3층 나노튜브를 만든다는 것은 평범한 수단으로는 해결되지 않는다.

오각형이나 칠각형을 한 가닥 튜브 속의 정해진 위치에 짜 넣으려면 어떻게 해야 할까? 또 한 가닥 한 가닥의 나노튜브를 회로상의 소정 위치에 확실하게 놓으려면 어떻게 해야 할까? 이것 역시 해결해야 할 문제이다.

4.2.2. 브라운관과 액정 디스플레이

여기서 조금 더 현실감이 있는 문제, 즉 탄소 나노튜브로 텔레비전의 디스플레이를 만드는 문제를 다루어 보자. 현재 액정 디스플레이는 수출 주력 상품의 하나가 되었다. 그러나 텔레비전의 디스플레이는 브라운관이 대세를 이루고 있다.

브라운관은, 〈그림 4-9〉에 보인 것처럼, 유리로 만든 누두형의 진공관이다. 오른쪽 가는 부분에 전자총이 내장되고, 전자총 말단에 전자를 방출하는 전극이 있다. 전극에서 방출된 전자 빔은 전자총에 인가된 전기장에 의해서 가속되고, 스크린에 칠한 형광체에 부딪쳐 발광한다. 실제로는 전자 빔을 편향 코일로 주사하여 문자나 그림을 표시한다.

브라운관이 오늘날처럼 널리 보급된 이유는 여러 가지 색깔을 밝게 낼 수 있을 뿐 아니라 저렴하기 때문이다. 그러나 유리로 만든 진공관이라는 태생적 단점과 전자 빔을 주사해야 하기 때문에 얇은 평

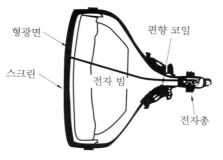

형광면 ── 편향 코일

스크린 ── 전자 빔

전자총

〈그림 4-9〉 브라운관의 단면

면형 디스플레이를 만들기 어렵다. 화면을 크게 하려면 어쩔 수 없이 속 깊이가 필요하게 되고 두꺼워지기 마련이다. 뿐만 아니라 브라운관에서 소비되는 전기량이 엄청나게 늘어난다.

　노트북 컴퓨터의 디스플레이로 보급되기 시작한 액정 디스플레이는 얇은 평면형이다. 가벼울 뿐만 아니라 소비 전력도 적다. 앞으로 많이 보급될 것으로 생각되는데, 화면의 밝기나 선명성 등 영상의 질적 면에서는 아직 브라운관을 따르지 못한다. 시야각이 좁은 점도 단점이다.

　액정 디스플레이 화면을 비스듬한 각도에서 보면 콘트라스트와 색이 변하여 보기 힘들다. "왜 굳이 비스듬히 화면을 볼 필요가 있느냐?"라고 이상하게 생각할지도 모른다. 그러나 화면이 큰 디스플레이의 경우 화면 가장자리 쪽은 반드시 비스듬하게 보이고 있다. 대화면이 될수록 눈의 이동량 즉 각도가 넓어진다. 따라서 넓은 시야각이 필요하게 된다.

　액정 디스플레이는 응답 속도가 느리다는 결점도 있다. 매우 빠르게 움직이는 화면을 표시하면 잔상이 남는 등, 왠지 모르게 동작이 어색하다.

4.2.3. 필드 에미션 디스플레이(FED)

현재의 브라운관이나 액정 디스플레이는 모두 일장일단이 있으므로 결코 이상형이라고는 할 수 없다. 그래서 동장한 것이 필드 에미션 디스플레이(FED)이다. 우리말로 표현한다면 전계 방출형 디스플레이이다.

브라운관에서는 전자총에서 방출된 전자 빔을 형광체를 철한 유리면에 쏘아서 상을 얻는다. 전자총은 텅스텐 같은 금속선으로 되어 있고, 이것을 히터로 가열하여 전자를 발생시킨 다음 다시 전압을 걸어 가속하여 형광면에 조사한다. 전자를 발생시키기 위해 열을 사용하므로 열전자 방출이라고 한다.

열전자 방출을 이용한 전자총은 전원을 넣어도 바로 온도가 높아지지는 않는다. 안정된 상을 그려내기 위해서는 다소 시간이 걸린다. 스위치를 넣으면서 바로 화면이 떠오르게 하려면 전자총을 항상 가열시켜 두어야 한다. 이렇게 된다면 전력 낭비는 필연적이다.

전자원에서 나온 전자를 형광체에 부딪쳐 영상을 그린다는 점에서는 FED도 브라운관과 비슷하다. 그러나 사용하는 전자원의 종류는 전혀 다르다. FED는 열전자 방출이 아니고 다음에 설명하는 전계 방출(필드 에미션) 현상을 이용한 전자총을 사용한다.

어떠한 물질이라도 그 속에는 무수한 전자가 존재한다. 마이너스의 전하를 띤 전자는 플러스 전하를 띤 원자핵에 강하게 끌어당겨져 있으므로 전자를 끌어내기는 쉽지 않다. 하지만 물질에 강력한 전압을 가하면 전자를 물질 속에 가두는 힘이 약화되어 물질 표면에서 전자가 방출된다. 이것이 전계 방출이다.

전계 방출을 일으키려면 1cm의 거리에 1,000만V 정도의 강력한 전압을 가해야 한다. 거리가 멀고 또 전계 방출에 사용하는 전극의 면적이 넓어지면 상상 이상의 큰 전압이 필요하게 된다. 그래서 끝을 날카

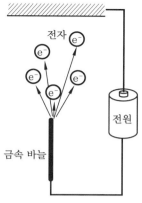

<그림 4-10> 전자 방출 모형

롭고 뾰족하게 만든 금속 바늘을 사용하여 가급적 작은 전압으로 전계 방출을 하도록 한다. 〈그림 4-10〉에 전자 방출 모형을 보였다.

　초극세(超極細) 탄소 나노튜브라면 화면상 하나의 화소에 1개의 바늘을 대응시킬 수도 있다. 브라운관처럼 전자 빔을 주사시킬 필요도

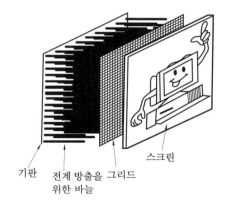

<그림 4-11> FED 에미션 디스플레이의 내부 구조

없다. 주사가 불필요하게 되면 디스플레이를 얼마든지 얇게 만들 수 있다.

FED도 전자로 형광판을 밝히는 점은 브라운관과 마찬가지이므로 화질이나 시야각 측점에서는 브라운관과 비슷하게 우수하다. 즉, FED는 브라운관과 액정 디스플레이의 좋은 점만을 취한 꿈의 디스플레이라 할 수 있다. 〈그림 4-11〉에 FED 에미션 디스플레이의 내부 구조를 보였다.

4.2.4. FED 전자총

FED는 평면 위에 미소한 전자원을 다수 배열하여 만든다. 반도체의 미세 가공 기술이 진보하면서 오늘날에 와서는 고체 표면에 미소한 바늘을 배열하는 것이 별로 어렵지 않게 되었다. 끝이 수 10nm 이하의 곡률 반지름을 가진 다수의 바늘을 평면 위에 심을 수도 있다. FED에 사용되는 바늘은 몰리브덴 같은 금속제이고, 여러 메이커에서 시험 제품도 내놓고 있다.

그렇기는 하지만 아직은 실용화에 견딜 수 있는 것은 아니다. 문제는 수명이다. 진공 속에 놓인 미소한 바늘에 강한 전압을 걸어 전자를 방출시키면 형광체 등에서 극히 소량 발생하는 가스에 의해서 진공도가 떨어진다. 그러면 바늘 끝에서 아크 방전이 발생하여 전자총의 성능이 열화(劣化)된다. 바늘 자체가 파괴되기도 한다. 이를 해결할 수 있는 것이 나노튜브이다.

단층 나노튜브의 지름은 1nm 에 불과하다. 이 가느다란 튜브를 사용하면 별로 높은 전압을 걸지 않아도 효율적으로 전자를 방출할 수 있다. 나노튜브는 화학적으로 안정하고 기계적으로도 강하다. 사소한 사고로는 파괴되지 않는다. 수명이 긴 전자원이 될 가능성이 있다.

1995년, 미국의 연구 팀이 한 가닥 다층 탄소 나노튜브로부터 전자를 방출시키는 실험을 성공했다. 나노튜브 끝의 캡은 산화 처리로 제거되었다. 나노튜브의 끝과 전자를 받는 쪽의 거리를 1nm로 하고 그 사이의 전압을 서서히 높였다. 그러자 80V에도 이르기 전에 전자 방출이 시작되었다. 보통 전계 방출에서는 생각할 수 없을 만큼 낮은 전압이었다.

그래서 〈그림 4-12〉에 보인 '원자 와이어' 모형이 제안되었다. 나노튜브의 방향족 평면의 끝이 풀어져서 한 가닥의 탄소 원자 와이어가 되는 것이다. 와이어가 전계 방향으로 끌려 늘어나고, 그 끝에서 전자가 방출된다. 원자 와이어이므로 이 이상 가느다란 와이어는 존재할 수 없다. 낮은 전위에서 방출 현상을 볼 수 있는 것도 수긍이 된다. 그러나 그 후의 연구에 의하면 이 모형에 의문이 남는 모양이다.

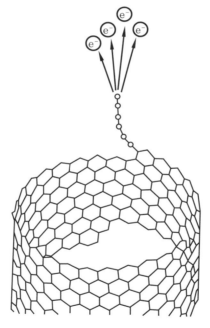

나노튜브가 풀어져 와이어로 되고, 그 끝에서 전자가 방출된다

〈그림 4-12〉 탄소 나노튜브에서의 전자 방출

4.2.5. 나노튜브를 전자 방출원으로 한 발광관

탄소 나노튜브는 가늘기 때문에 한 가닥 튜브에서 방출되는 전자 수 즉 전류의 크기에는 한계가 있다. 불과 $1\mu A$ 이하여야 하므로 밝은 화면을 만들 수 없다. 형광면을 밝게 하려면 다수의 나노튜브를 사용 하여야 한다. 〈그림 4-13〉처럼 나노튜브의 묶음을 전자 방출원으로 한 발광관이 제안되었다.

여기서는 아크 방전법으로 얻는 다층 탄소 나노튜브가 사용되었 다. 보통 아크 방전법으로 만드는 나노튜브 속에는 나노튜브 이외의 불순물 탄소도 상당히 포함된다. 불순물을 제거하지 않고 나노튜브 를 유기물 등과 혼합하여 풀 형태로 만들고 스크린 인쇄법이라는 기 법으로 그림 속의 음극이라고 쓰여 있는 표면에 붙였다. 성능은 충분 히 만족할 만한 것이었다. 더욱이 10,000시간을 넘어도 안정한 전류 를 얻을 수 있을 만큼 수명도 길었다. 이 성공으로 탄소 나노튜브가 전자원으로 우수하다는 것이 판명되었다.

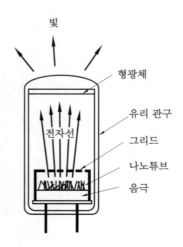

〈그림 4-13〉 탄소 나노튜브를 전자원으로 한 발광관 내부

4.3. 나노튜브를 전자 방출원으로 한 FED 제조법

4.3.1. 나노튜브를 붙이기

나노튜브를 전자원으로 하는 발광 장치는 만들었지만 디스플레에 이르면 더욱 어렵다. 우선, 화면상의 하나하나 화소에 대응한 위치에 나노튜브를 설치해야 한다. 정해진 미세한 패턴 부분에만 나노튜브를 붙이는 기술이 필요하다.

두 가지 방법이 검토되었다. 패턴 부분에만 나노튜브를 성장시키는 법과 패턴 부분에만 탄소 나노튜브를 붙이는 법이었다. 이는 마치 본래의 머리를 살리느냐 아니면 가발을 쓰느냐였다. 〈그림 4-14〉에 이를 비유적으로 설명하였다.

본래의 머리를 살리는 방법에서는 탄소 나노튜브를 성장시키는 데 필요한 미소 금속 촉매를 미리 패턴 부분에 붙여 두는 것이다. 고온으로 올린 후 탄화수소 가스를 흘리면 가스가 분해하여 금속 입자 위에 탄소 나노튜브가 성장한다. 또 하나의 방법은 발광관의 경우와 마찬가지이다. 풀 모양으로 만든 탄소 나노튜브를 고도의 인쇄 기술을

탄소 나노튜브

가발? 아니면 원래 머리?

〈그림 4-14〉 탄소 나노튜브 전자 원

구사하여 미세 패턴으로 인쇄하는 것이다.

4.3.2. 나노튜브 일치시키기

전계 방출에서 발생하는 전압을 낮추고 끌어낼 수 있는 전류를 크게 하려 했다. 〈그림 4-13〉의 발광관에 사용한 탄소 나노튜브는 여러 방향을 향하고 있었다. 모든 나노튜브를 전계 방향으로 정연하게 배향시킬 수 있다면 낮은 전압으로 큰 전류를 끌어낼 수 있다. 때문에 나노튜브를 일정 방향으로 정렬시키는 기술이 필요하게 되었다.

여기서도 몇 가지 방법이 제안되었다. 아직 확정적인 것은 아니지만 마이크로파와 열을 이용하여 탄화수소 가스를 촉매 금속 표면에서 열분해한다. 이렇게 하면 금속 표면에 수직으로 나노튜브가 성장하는 모양이다.

또 하나는 주형법이라고 하는 〈그림 4-15〉에 보인 방법이다. 알루미늄의 양극 산화 피막은 알루마이트라고 하는데, 알루미늄제 주전자나 남비에 생기는 보호막이다. 알루마이트에는 잘 배열된 무수하게 많은 원통상 구멍이 뚫어져 있다. 구멍 바닥에 촉매 금속을 놓고 탄화수소 가스를 열분해시키는 방법이다.

탄소 나노튜브는 구멍을 따라 성장하므로 필연적으로 한 방향으로

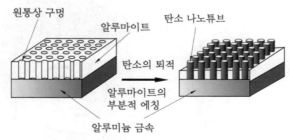

주형을 사용하면 한 방향으로 정렬한다

〈그림 4-15〉 배향한 탄소 나노튜브 전자원

가지런하게 된다. 이러한 기술은, 아직 실험 단계에 있는 관계로 공업화되지 않았지만, 가장 가능성이 있는 방법으로 기대되고 있다.

4.3.3. 많은 양의 나노튜브 만들기

최후의 난관은 탄소 나노튜브의 대량 생산이다. 아크 방전법으로 만들 수 있는 탄소 나노튜브의 양은 아무리 노력해도 하루 몇 g 정도이다. 현재 탄소 나노튜브 1g의 가격이 50만 원 정도 하는 것도 수긍이 간다. FED를 1대 만들려면 수 g 이상의 탄소 나노튜브가 필요하다. 이에 필요한 탄소 나노튜브의 값과 현재 텔레비전의 값을 비교하기 바란다.

탄소 나노튜브를 대량으로 값싸게 만드는 방법으로는 현재 탄화수소 가스를 열분해하여 만드는 방법이 유력시되고 있다. 하지만 이것으로도 충분하다고는 할 수 없다. 새로운 양산법 개발이 요망된다.

탄소 나노튜브는 FED의 전계 방출 전자원으로서의 적성뿐만 아니라 유해한 중금속도 함유하지 않으므로 친환경적인 전자원이라고 할 수 있다. FED를 실용화하기까지에는 통과하여야 할 관문이 많이 남아 있다. 그러나 여러 메이커에서 시제품이 나와 있는 것을 생각하면, 기술 개발은 상당한 수준까지 도달한 모양이다. 2~3년 후에는 나노튜브를 전자원으로 사용한 FED 벽걸이 텔레비전이 각광을 받을 전망이다.

4.3.4. 주사형 프로브 현미경의 탐침

탄소 나노튜브의 가늘고 튼튼함을 이용한 또 하나의 응용 사례가 주사형 프로브 현미경의 탐침이다. 주사형 터널 현미경과 원자 간 힘현미경 등을 총칭하여 주사형 프로브 현미경이라고 한다. 이와 같은 최신예 현미경을 사용하면 고체 표면의 원자상까지 볼 수 있다.

이 현미경의 원리는 매우 단순하다. 탐침이라고 하는 금속 침을 시

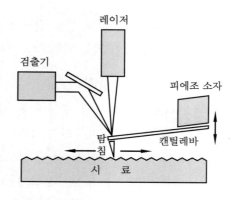

<그림 4-16> 원자 간 힘 현미경의 원리

료 표면에 근접시켜 시료와 탐침 사이에 흐르는 터널 전류라고 하는 전류를 측정하는 것이다. 전류 흐름이 얼마나 용이한가를 측정하거나 또는 시료와 탐침 사이에 작용하는 힘을 측정하면서 침을 시료 표면을 따라 주사시킨다. <그림 4-16>에 이 원리를 도시하였다.

현재 사용하고 있는 주사형 프로브 현미경의 탐침에는 실리콘 등이 사용되고 있는데, 그 모양은 사각추 또는 삼각추이다. 탐침 끝의 곡률 반지름이 시료의 가로 방향을 얼마만큼 세밀하게 관찰할 수 있는가가 분해능을 결정한다. 현재 사용되고 있는 많은 탐침의 곡률 반지름은 10nm보다도 크다. 또 침의 끝이 그다지 날카롭고 뾰족하지 않기 때문에 깊은 오목 부분을 효과적으로 관찰하지 못하고 있다.

하지만 탄소 나노튜브는 극도로 가늘다. 지금까지 쓰이고 있는 탐침에서 볼 수 있었던 이러한 문제를 모두 해결할 수 있다. 또 실리콘 탐침은 끝이 시료 표면에 강하게 부딪치면 쉽게 망가지지만 탄소 나노튜브는 그러한 염려도 없다.

다층 탄소 나노튜브를 탐침으로 사용하여 대장균에서 추출한 DNA를 관찰한 결과, 두 가닥 DNA 분자의 얽힌 구조가 명확하게 관찰되었다. 실리콘 탐침으로는 도저히 불가능했던 성과였다. 탄소 나노튜브를 탐침으로 사용한 주사형 프로브 현미경은 이미 실용화되고 있다.

4.4. 탄소 나노튜브의 다른 응용 예

탄소 나노튜브의 응용 가능성은 아직도 많다. 그 예를 〈표 4-1〉에 종합하였다. 리튬 이온 2차 전지에 대하여서는 이미 설명하였지만, 탄소 나노튜브를 음극으로 사용하면 방전 용량이 흑연 경우보다 2.7배나 증가하였다고 한다. 또 전기 이중층 캐패시터의 전극으로서도 뛰어난 성능을 나타낸다. 탄소 나노튜브를 수소 흡착재로 사용하는 시도에 대하여서는 앞 장에서 이미 설명한 바 있다.

탄소 나노튜브의 골격은 강한 탄소-탄소의 결합으로 구성되어 있고 결함도 없다. 기계적으로는 매우 강하다. 적게 어림잡아도 탄소 섬유의 몇 배, 같은 단면적인 강철선의 몇십 배는 강하다. 그야말로 궁극의 섬유라고 할 수 있다.

수년 또는 10년 후에는 탄소 나노튜브로 만든 고성능 제품과 부품이 얼마나 상품화될 것인지 기대되는 바 크다. 그러기 위해서는 대량 생산법 개발이 초미의 관심사이다.

〈표 4-1〉 탄소 나노튜브의 응용 예

이용이 되는 성질	응용 예
기계적 강도	고강도 복합 재료(우주 항공용, 건축용), 방어 방탄용 기구
화학적 성질과 그 형상	전지, 필터, 촉매, 수소 흡착 재료, 캐패시터, 나노 스트로, 초미세 피페트, 분자 기계
전자적 성질과 그 형상	트랜지스터, 다이오드, 메모리, 주사형 프로브 현미경 탐침, FED, 전계 방출 소자

우리의 삶을 바꿀 경이로운 그래핀

지난 50여 년간 실리콘이 전자 과학 기술의 세계를 지배해 왔다. 그러나 앞으로는 탄소의 새로운 재료인 그래핀(graphene)이 그 자리를 대신할 것으로 생각된다.

그래핀은 1970년대에 발견되었다. 그러나 2004년에 와서 러시아의 과학자들이 그래핀이 지닌 고유한 성질을 연구하기 시작하면서, 그래핀을 다룬 연구원들에 의해 많은 발견이 이루어졌다. 이것이 그래핀이 2010년 노벨 물리학상의 주인공이 된 이유이다.

그래핀으로 구부릴 수 있고 착용할 수 있는 작으면서도 표면적이 넓은 전자 제품을 만들어 낼 것 같다. 그래핀은 실리콘보다 14배나 더 빠르게 전하를 띤 입자를 운반할 수 있어 과학 기술자들은 전자 세계가 지닌 복잡성을 다루는 방법을 풀어낼 것이다. 태양 또는 풍력 에너지 시스템에 더 많은 에너지를 저장하며 종이처럼 얇은 전자 제품도 기대할 수 있게 되었다.

5.1. 꿈의 신소재 그래핀이란 무엇인가?

"보통의 결정에서 대패질해서 떼어 낸 한 개의 원자 또는 분자 두께의 2차원 표면 결정을 상상해 보자"라고 노벨상을 수상한 안드레 가임 교수는 수상 소감을 묻는 기자 질문에 답하였다. 그러면서 "그래핀은 다이아몬드보다 더 강하고 더 단단해도 고무처럼 늘일 수 있다"라고 덧붙인다.

가임과 그의 동료 노보셀로프는 2004년 처음 흑연에서 스카치테이프로 단일 원자 표면 그래핀을 벗겨 냈다. 그들은 그래핀의 세기, 투명도 및 전도도 등의 성질을 분석하여 『*Science*』지에 발표하였다. 그 후 이에 관한 연구는 전 세계로 퍼져 나갔다. 새로운 재료로 혁신적인 전자 제품 제조를 포함한 여러 가지 실제적 응용도 가능해졌다.

다이아몬드와 흑연이 탄소의 한 형태인 것처럼, 그래핀도 탄소로만 되어 있다. 완전히 새로운 세상에 나온 재료 중 가장 얇으며 가장 강하다. 전기 도체로 구리처럼 행동하기도 하고 열전도체로 작용한다. 지금까지 알려진 재료보다 성능이 뛰어났으며 거의 투명한 데도 조직이 조밀하기 때문에 헬륨과 같은 가장 작은 기체 원자도 그래핀을 통과할 수 없다. 3차원 재료와는 전혀 다른 흥미로운 성질을 그래핀이라는 2D 재료가 보여 주었던 것이다.

그래핀의 성질은 어디서 나오는 것일까? 그래핀은 벌집 결정격자 형태로 탄소 원자가 빽빽이 배열된 6각형 그물망의 2차원 단일 층으로 되어 있다. 〈그림 5-1〉은 전자 현미경으로 본 그래핀의 영상이다.

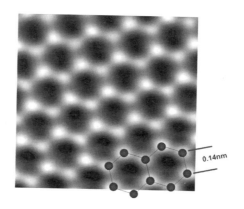

〈그림 5-1〉 전자 현미경으로 본 그래핀 영상

(출처 : http://en.wikipedia.org/wiki/File:Real_graphene.jpg)

이러한 탄소 배열에 기인하여 전기 전도와 열전도 능력이 높으며, 낮은 전압을 걸어도 작동할 수 있는 힘을 지닌다.

필립 월리스(Philip R. Wallace)는 복잡한 삼차원 구조를 지닌 흑연의 전기적 성질을 이해하기 위한 출발점으로 1947년 그래핀에 관한 이론을 처음으로 탐구하였다. 물론 그 당시는 그래핀이란 개념은 설정되어 있지 않았다. 단지 40년 동안 흑연의 단일 층을 설명하기 위해 사용되었을 뿐이다. 즉, 2D 벌집 격자로 빽빽하게 채워진 평평한 탄소 원자의 단일 층에 주어진 이름으로, 여러 차원의 흑연이라는 재료를 구성하는 기본 요소였다.

지금 과학자들은 이 물질이 놀라운 성질을 지니고 있다는 것을 발견하면서, 어떤 과학자들은 21세기 우리의 삶을 혁신적으로 바꿀 경이로운 물질 중의 하나로 예고하였다. 그래핀은 우리 눈으로 볼 수 있는 세상에서 가장 얇은 물체일 뿐 아니라, 강철보다 200배가 강하고, 전기 전도도는 우리가 알고 있는 어떠한 재료보다도 더 좋다.

그래핀이 전자 산업을 혁신적으로 바꿀 것이며, 강철보다 가볍고 강한 재료 생산을 약속했기 때문이다. 마치 100년 전 폴리머가 발견된 상황과 비교될 수 있다고 가임은 말하고 있다. 폴리머가 플라스틱으로 사용되면서 우리 생활에서 없어서는 안 될 중요한 것이 되기까지 많은 시간이 흐른 것처럼, 그래핀도 그러한 경로를 따를 것이다.

이 새로운 재료는 가벼운 비행체와 위성 생산에 사용하려는 복합 재료인 탄소 섬유, 트랜지스터에 쓰이는 실리콘을 대신할 것이다. 플라스틱에 그래핀을 심어 전기를 전도하게 할 수도 있을 것이며, 그래핀을 바탕으로 한 감지 센서를 개발하여 위험한 화합물도 쉽게 검출할 수 있을 것이다. 그래핀 가루를 사용하면 전기 배터리 효율도 증가시킬 수 있을 것이다.

그뿐만이 아니다. 광전자 공학, 더 단단하고 강하고 가벼운 플라스틱, 식품을 수 주일 동안 싱싱하게 유지할 수 있는 용기, 태양 전지와 영상 출력 장치용 투명 전도성 코팅, 강한 풍력 터빈, 강력한 의학용 임플란트 재료, 스포츠 기구, 슈퍼 전도체 등등에 사용될 것이다. 전도도를 개선한 재료, 고성능 고주파수 전자 장치, 두 가지 액체 층을 분리할 수 있는 인조 막, 터치스크린, LED와 OLED 등도 그래핀으로 제작이 가능할 것이다.

그래핀으로 만든 나노튜브는 탄도용 트랜지스터 제작 길을 터 줄 것 같다. 그래핀 시트를 나노 간격으로 만들면 DNA 배열 순서를 쉽게 결정할 수 있는 새로운 기술도 제공할 것이다.

위에서 열거한 것 중에는 아직 실험해 보지 않은 상상의 것도 허다하다. 그러나 컴퓨터가 어떻게 발전해 왔는가를 상상해 보자. IBM에서는 그래핀을 바탕으로 한 100GHz짜리 트랜지스터를 선보였다. 1THz짜리 프로세서도 곧 발표될 것으로 본다. 그래핀의 미래는 무궁무진하다. 플라스틱이 오늘날 평범한 재료가 된 것처럼, 탄소로만 되어 있는 그래핀도 얼마 안 가서 그렇게 될 것이다. 지구상에 알려진 모든 생명체를 구성하는 기본 원소인 탄소가 우리를 놀라게 한다.

5.2. 그래핀의 발견

연필심으로 쓰는 흑연에서 기적의 물질 그래핀을 아주 쉽게 얻을 수 있다. 가장 간단하고 뚜렷한 것일지라도 우리 눈에는 보이지 않는 경우가 흔한데, 바로 그래핀이 그런 경우에 해당한다.

그래핀은 탄소만으로 되어 있다. 탄소 원자가 서로 평면 격자로 연결되어 있으며 원자 두께의 벌집 구조를 하고 있다. 1mm 두께의 흑연은 수백만 개의 그래핀이 층으로 서로 겹쳐 있다. 각각의 층은 약한 힘으로 서로 연결되어 있기 때문에 쉽게 벗겨 낼 수 있다. 연필로

종이에 글을 쓰는 사람이라면 누구라도 이를 경험했을 것이다. 종이에 쓰인 글은 바로 단일 탄소 원자 층 그래핀 조각이다. 가임 교수와 그의 제자 노보셀로프는 스카치테이프를 이용하여 흑연에서 얇은 조각을 벗겨 냈다. 〈그림 5-2〉는 바로 그래핀 조각 사진이다.

사실 그래핀은 언제나 그곳에 있었다. 중요한 것은 그것을 찾아내지 못했던 것이다. 탄소의 또 다른 형태도 과학자들이 자연에 존재하리라고 믿고 전망할 때 그들 앞에 나타났다. 처음은 나노튜브였고, 그 다음은 속이 빈 풀러렌 새장이었다. 풀러렌은 1996년 노벨 화학상을 수상하였다.

흑연 속에 갇혀 있던 그래핀도 발견되기를 기다렸다. 많은 과학자들은 그래핀처럼 얇은 물질을 분리하는 것은 불가능하다고 생각했다. 그래서 아무도 그것이 가능하리라 믿지 않았다. 왜냐하면 실온에서 쉽게 오그라들고 두루 말리기 때문이었고, 또 어떤 때는 완전히 사라지기 때문이었다.

전에 시도되었던 연구들이 실패하였음에도 불구하고 어떤 사람들은 계속해서 노력하였다. 그리하여 마침내 원자 100개 정도의 두께를 지닌 얇은 필름을 얻을 수 있었다. 이 정도 두께면 투명해진다.

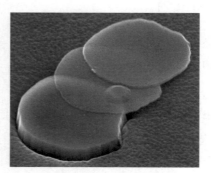

〈그림 5-2〉 그래핀 케이크
(출처 : Wikipedia)

그래핀을 흑연에서 얻는 한 가지 방법은 화합물을 원자 층 사이에 끼워 넣어 그들 사이의 결합을 약화시켜 흑연 층을 분리하는 것이다. 흑연 층을 긁어낼 수도 있다. 실리콘 카바이드 결장에서 실리콘을 태워 버리면 매우 높은 온도에서 탄소 층을 성공적으로 얻기도 하였다.

에피택시 성장과 같은 기술을 이용하면 반도체 재료로 쓰일 수 있는 그래핀을 얻을 수 있다. 이 방법은 전자 산업에 쓰이는 그래핀 생산에 가장 좋은 방법이다. 최근에는 70cm 폭 두루마리가 보고되기도 하였다.

5.3. 패러독스 세상에서

가임과 노보셀로프는 마이크로 조각의 새로운 재료를 얻을 수 있었다. 대단히 작기는 하지만, 전기적 성질에 영향을 줄 두 가지 가장 중요한 그래핀 특성을 조사하기 시작하였다.

그 하나는 그래핀의 완전한 조성이다. 흠이 전혀 없는 규칙적 배열은 탄소 원자의 강한 결합에 기인한 것이다. 동시에 결합이 유연하기 때문에 망상 조직을 원래 크기보다 20%까지 잡아 늘일 수 있다. 또한 격자는 전자로 하여금 아무런 방해도 받지 않고 자유자재로 움직일 수 있게 한다. 정상적인 전도체에서 전자는 핀볼 당구의 공과 같이 튀기도 한다. 이러한 튀어 오름 때문에 전도체의 성능이 저하된다.

그래핀의 다른 하나의 특성이라고 하면, 전자는 빛 알갱이 즉 질량이 없는 광자처럼 행동한다는 것이다. 광자는 진공에서 1초에 3억 미터의 속도로 진행한다. 마찬가지로, 그래핀에서 움직이는 전자는 마치 질량이 없는 것처럼 1초에 백만 미터를 날아간다. 큰 입자 가속기 사용 없이 어떤 특성을 더 작은 크기로 용이하게 연구할 수도 있을 것이다.

지금은 이론적으로만 논의하고 있는 유령 같은 양자 효과도 다룰 수 있을 것 같다. 클라인 터널의 변종과 같은 현상도 다룰 수 있을 것 같다. 양자 물리에서 터널 효과는 입자가 방해 받지 않고 벽을 어떻게 뚫고 나가는가를 설명한다. 벽이 높을수록 벽을 뚫고 나갈 기회가 적어진다. 그러나 그래핀에서 전자 이동에는 적용되지 않는다. 마치 벽이 없는 것처럼 전자는 앞으로 나아간다.

5.4. 그래핀의 응용

5.4.1. 꿈의 트랜지스터

아직은 환상에 불과하지만, 그래핀의 실용적 응용 가능성은 많은 이목을 끌었다. 이는 가임과 노보셀로프에 의해서 여러 가지 응용이 검증되었기 때문이다.

그래핀의 전기 전도 능력을 현재 서둘러 응용하려 하고 있다. 그래핀 트랜지스터는 오늘날 사용되고 있는 실리콘 트랜지스터보다 더 빠를 것으로 예상되기 때문이다. 컴퓨터 칩이 더 좋은 에너지 효율로 더 빠르게 작동하려면 트랜지스터는 될 수 있는 한 작아야 한다. 그런데 실리콘은 크기가 작아지면 기능이 중지하는 약점이 있다. 그러나 그래핀은 크기 한계가 거의 없기 때문에 그래핀을 칩에 좀 더 촘촘하게 배치해 넣을 수 있다.

몇 년 전에 획기적인 발표가 한 학회에서 나왔다. 그래핀 트랜지스터 수백 개를 한 개의 단일 칩에 배치하였다는 내용이었다. 이 트랜지스터는 비록 완전하지는 않았지만, 앞으로 개발될 전자 제품에 그래핀이 실제로 사용될 수 있다는 증거였다.

지금 사용하고 있는 실리콘을 기반으로 한 컴퓨터 중앙 연산 처리 장치는 과열시키지 않고는 1초에 몇 가지 연산만을 수행할 수 있을 뿐이다. 그러나 그래핀을 통해 움직이는 전자는 거의 저항을 받지 않으며 열도 조금밖에 나오지 않는다. 그래핀은 그 자신 좋은 열전도체이기 때문에 생긴 열도 빠르게 소산시킨다. 이러한 성질 때문에 그래핀 기반 전자 장치는 매우 빠른 속도로 작동할 수 있다. 그래핀 트랜지스터가 개발 상용된다면 지금의 기가헤르츠(GHz) 영역보다 1,000배 이상 빠른 테라헤르츠(THz) 영역으로 옮겨 갈 것이다.

처리 속도가 빠른 컴퓨터를 만드는 것 외에, 그래핀 전자 공학은 초고속 트랜지스터를 요구하는 통신 및 영상 기술에도 응용될 것이다. 실제로 그래핀은 숨겨져 있는 무기를 검출할 수 있는 테라헤르츠파 영상과 같은 고주파수 응용에 우선 사용될 것 같다.

속도만이 그래핀의 이점은 아니다. 실리콘의 매력적인 전자 성질을 잃지 않고 10nm보다 작은 조각을 실리콘에 새겨 넣을 수 없다. 물론 그래핀의 기본 물리는 동일하지만, 계속 전기적 성질이 개선될 것이며, 1nm보다 더 작은 조각을 만들 수 있을 것으로 기대된다.

실리콘을 대치할 수 있는, 앞에서 이미 살펴본, 탄소 나노튜브에 관한 연구로 인해 그래핀이 더욱 각광을 받았다. 탄소 나노튜브도 사실은 그래핀 시트를 실린더 형태로 두루 만 것이다. 이렇게 만든 튜브를 초고도 수행 전자 기기에 사용할 수 있으나, 복잡한 회로를 만드는 데 여러 어려운 점이 많아 아직까지는 이렇다 할 좋은 방법이 개발되지 못하였다. 그래핀은 실리콘 칩 제조에 쓰이는 기술을 그대로 사용할 수 있기 때문에 작업하기가 훨씬 용이할 것 같다.

그렇다고 해서 그래핀이 장래성이 있는 전자 재료라고 하기에는 문제가 있다. 그래핀은 연산에 필요한 스위치 행동 따위를 자연적으로는 나타내지 않기 때문이다. 실리콘과 같은 반도체는 어떤 한 상태에서는 전자를 전도하지만, 곧 전도도가 매우 낮은 상태로 갑자기 전환하기도 한다. 마치 전기가 나간 것처럼 행동한다.

이와는 반대로, 그래핀의 전도도는 조금만 변환될 수 있을 뿐 완전히 끌 수는 없다. 영상과 통신 기술을 위한 고주파수 트랜지스터와 같은 특정 응용 분야에서는 이것이 문제가 되지 않는다. 하지만 그러한 트랜지스터를 컴퓨터 연산 장치에 사용하는 것은 부적절하다.

그래핀을 폭이 매우 좁은 리본 형태로 만들면 반도체와 같이 행동한다고 한다. 그러면 컴퓨터에도 사용할 수 있다. 그러나 아직까지 만족할 만한 매우 좁은 리본을 제작하였다는 보고는 없다. 그래핀을 화학적으로 변형하거나 그래핀 표면 위에 어떤 기판을 붙이면 반도체와 유사한 행동을 보이게 할 수 있다. 그래핀 리본을 산소로 변형하면 반도체 행동을 유도할 수도 있다. 이러한 기술을 결합하면 컴퓨터 중앙 연산 처리 장치에 필요한 스위치 행동을 보일 수 있다.

그래핀이 전자 장치에 쓰일 수 있다는 연구는 반도체 산업의 주목을 받고 있다. 휴렛팩커드, IBM 및 인텔사는 모두 미래 제품에 그래핀을 사용하는 응용 연구를 이미 시작하였다.

5.4.2. 오염물 감시 화학 센서

현대를 사는 우리는 가정과 산업체에서 발원한 여러 위협에 노출되어 있다. 이러한 위협의 대부분은 위험한 가스나 화합물에서 온다. 우리 사회를 안전하게 유지하기 위해서는 이러한 위협을 효과적으로 탐지할 수 있는 시스템이나 센서가 필요하다.

가장 좋은 센서라고 한다면 검출되어야 할 가스와 화합물을 한 개의 분자/원자로 검출할 수 있는 것이어야 한다. 지금까지 개발된 화학 센서에는 고체 상태 센서(이온 전도를 이용한 측정), 촉매 센서(온도 변화에 의한 저항 변화를 이용한 측정) 및 반도체 산화물 기체 센서(분자 반응에 의해 전하를 운반하는 운반체에서 일어나는 변화를 이용하여 측정) 등이 있다.

앞에서 살펴본 풀러렌과 탄소 나노튜브의 발견 후에 새로운 센서가 개발되었다. 풀러렌으로 만든 전자 센서는 어떠한 흡착 분자에 대해서도 매우 예민하게 대응한다. 풀러렌에 붙은 원자는 모두 표면 원자이기 때문에 풀러렌을 통한 전자 운반이 매우 예민하다. 탄소 나노튜브를 통한 운반도 옆에 붙인 기능성에 의해 영향을 받는다. 따라서 빈 자리를 조절하여 센서의 감도를 증폭할 수 있다. 그러나 그래핀의 발견으로 초예민 및 초급속 전자 센서의 개발을 눈앞에 두고 있다. 그래핀 센서는 전기적 잡음이 낮기 때문이다.

그래핀으로 만든 센서는 다음과 같은 가능성을 보여 준다.

① 한 원자 두께 시트로 되어 있는 그래핀은 기질과 직접 접촉할 수 있다. 따라서 경계면 상태가 기질을 감지하는 데 중요한 역할을 한다. 기질이 달라지면 그 효과도 다르다.

② 그래핀 시트를 매달면 탄소–시트 양면에 노출된 특정 기체를 더 효율적으로 흡착시킬 수 있다.

③ 위의 두 센서를 선택적 감지 성질을 평가하는 데 비교할 수 있다.

④ 부착 그래핀과 매단 글래핀 이중층을 사용한 센서를 만들 수 있다.

⑤ 그래핀 시트의 무게 감지능을 이용해서 전기적 방법으로는 검출하지 못하는 가스 검출 센서 개발도 가능할 것이다.

⑥ 그래핀 시트에 백금(Pt)이나 팔라듐(Pd)과 같은 금속 나노 입자를 심은 수소 감지 장치도 개발할 수 있다.

그래핀은 탄소로 만든 2차원 전자 재료 모형으로 흥미를 끌어 왔다. 그뿐 아니다. 앞에서 다루었던 풀러렌, 탄소 나노튜브 및 흑연을 구성하는 기본 물질이기도 하다. 실온에서도 높은 담체(擔體) 이동성을 보여 주는 단일 시트 그래핀의 장치의 성능에 대한 최근 보고로 말미암아 이 재료에 대한 관심이 더욱 고조되었다. 그러나 아직까지는 그래핀 단일 시트 제조 방법이 확립되 있지 않아 전극을 붙이는 작업과 같은 그래핀 응용 프로그램을 제한하고 있다.

최근 화학적 방법을 사용하여 웨이퍼 규모로 그래핀 조각을 코팅할 수 있는 장치가 개발되었다는 보고가 있다. 흑연 산화물을 만들기 위해 흑연을 화학적으로 산화하고 박락(剝落)한 후 그래핀으로 환원하는 방법이다. 이러한 환원 단계의 효과는 그래핀 품질에 큰 영향을 미치는 것으로 나타났다. 그리고 액체 무수 하이드라진이 대용량 고품질 그래핀 조각을 분산시키는 데 매우 효과적으로 환원시킬 수 있는 용매라는 것이 알려졌다. 이러한 기술 개발로 화학 센서를 개발할 수 있는 길이 열렸다.

벗겨 낸 그래핀 조각으로 초보적인 화학 센서 실험을 통해 고진공에서 이산화질소를 검출해 본 결과 단일 분자까지도 매우 높은 감도로 검출할 수 있음을 보였다. 이러한 극히 높은 감도는 그래핀에서 담체의 이동성이 매우 높다는 것을 보여 주는 것으로, 실온에서도 노이즈가 극히 낮게 감지하였음을 설명한다. 감지하는 메커니즘은 앞에서도 언급한 이산화질소와 암모니아 검출 탄소 나노튜브의 것과 유사하다. 화학적으로 만든 그래핀 사용 화학 센서에 관한 사례들이 많이 발표되고 있다.

그래핀은 2차원 특성을 지닌 재료로 양 표면을 흡착 물질에 노출시킬 수 있어 감지 능력을 극대화할 수 있다. 그래핀은 전기 전도성이 우수하고 금속성을 지니기 때문에 여분의 전자로 인한 주 전하량의 변화 때문에 생기는 잡음이 매우 적어 미량 감지도 가능하다. 그래핀은 결함이 매우 적기 때문에 열 변화로 인한 효과도 적다. 그래핀은 금속과 접촉할 때 옴(ohmic) 성질을 지니므로 접촉 저항이 매우 낮다. 이렇게 그래핀은 전기적 특성이 매우 우수하며, 표면 조건에 따라서 전기적 특성이 크게 변한다. 그래핀은 센서로 사용하기 좋은 여러 특성을 지니고 있다.

그래핀은 대체로 p-type 물질로 알려져 있다. 그래핀 표면에 담체를 흡착시키면 표면 성질이 바뀌게 되어 그래핀에 존재하는 전하량에 영향을 주어 전기적 특성이 바뀐다. 그래핀 표면에 염기성 OH^- 전하의 농도가 증가하면 그래핀의 전자 밀도가 증가한다, 마찬가지로 산성 H_3O^+ 농도가 증가하면 그래핀의 전자 밀도가 감소하는 결과를 가져온다. 이러한 특성을 이용하여 pH 센서에 활용할 수 있다.

NO_2, H_2O, 요오드 등이 흡착되면 그래핀의 전하량 증가 효과가 나타나고, NH_3, CO 등은 그래핀의 전하량을 감소시켜 전류 감소 효과를 가져온다. 그래서 가스 검출 센서의 활용이 가능하다. 에탄올도 흡착되면 전하량 감소 효과가 나타난다. 따라서 음주 측정기로 활용할 수 있다. 중금속이나 바이오 물질 흡착에서 오는 그래핀의 전자 밀도 증감 성질들을 이용하면 전하량 조절을 통한 전류 변화를 측정하여 중금속 검출 센서나 바이오센서로 활용할 수 있다.

5.4.3. 그래핀 결합 효과를 이용한 센서

현재 문헌에 보고되고 있는 그래핀을 기반으로 한 모든 센서들은 초민감 감도를 나타내고 있다. 흡착하는 원자가 그래핀에 미량으로 어떻게 첨가되는가에 따라 감도가 다르게 나타난다. 단 한 개의 원자가 흡착되어도 감응을 보인다.

이러한 감지 기능이 그래핀에만 기인한 것인지 또는 흡착물과의 접촉으로 생긴 것인지는 아직 구체적으로 확인되어 있지 않다. 계속 여러 가지 실험 연구가 진행되고 있어 조만간 감지 기능에 미치는 구체적 지식이 정리될 것으로 생각하고 있다.

5.4.4. 초조밀 저장 매체

세계 각국에서 그래핀을 저장 매체로 개발하는 연구를 경쟁적으로 수행하고 있다. 좋은 예가 라이스 대학 연구 팀일 것이다. 이들은

2008년 그래핀으로 만든 새로운 종류의 섬광과 같은 플래시 메모리를 개발하였다. 현존하는 어느 저장 기술보다 더 조밀하며 손실이 적은 것이었다. 남플로리다 대학 연구원들도 그래핀 띠줄을 통해 전류가 흐르도록 선처럼 결함을 만들어 전도도를 증가시키는 데 성공하였다.

5.4.5. 에너지 저장

그래핀을 에너지 저장에도 활발하게 응용하고 있다. 텍사스의 그래핀 에너지 사는 그래핀을 필름 형태로 만들어 전력을 저장하고 전달할 수 있는 새로운 축전지를 만들어 냈다. 착용할 수 있는 전자 기기 즉 전기 장치에 전력을 공급하는 의복을 만드는 데 탄소 나노튜브를 사용하고 있는 많은 회사에서는 그래핀으로 교체하고 있다. 그래핀이 더 얇으며 생산 원가도 낮기 때문이다. 그래핀을 빠르고 값싸게 대량 생산하는 기술 개발에 심혈을 기울이고 있다.

5.4.6. 광학 장치 : 태양 전지와 구부릴 수 있는 터치스크린

케임브리지 대학의 한 연구 팀은 『*Nature Photonics*』 2010년 9월호에 한 논문을 발표하였다. 그래핀의 실재 잠재성은 전기와 같이 빛도 전달하는 능력이 있다는 것이다. 강하고 구부릴 수 있는 그래핀은 태양 전지와 LED의 효율을 증대할 수 있다고 한다. 구부릴 수 있는 터치스크린, 광검출기 및 초고속 레이저와 같은 차세대 장치 효율도 개선될 것이다. 특히 그래핀은 백금과 인듐과 같은 희금속과 고가의 금속을 대체할 것으로도 예상하고 있다.

탄소 섬유

특성과 형태가 다른 다양한 탄소 섬유가 여러 가지 방법으로 생산되고 있다. 먼저 탄소 섬유 전체의 모습을 정리하기로 한다. 그리고 미국에서 태어난 탄소 섬유가 공업 재료로서 폭넓게 사용되기에 이른 경위를 간단하게 정리한다. 또한 주요한 응용 분야를 간단히 소개한다.

6.1. 탄소 섬유란 무엇인가?

탄소 섬유(carbon fiber; CF)란 '실질적으로 탄소 원소만으로 구성된 섬유상 탄소 재료'를 이른다. 물질로서의 탄소 특성과 섬유 형태에서 유래하는 다양한 특성을 아울러 가지고 있는 특이한 재료이다. 즉, 내열성, 화학적 안정성, 전기 · 열전도성, 접동(摺動) 특성, 생체 친화성 등 탄소 재료 고유의 특성을 지니고 있다. 필요에 따라서는 흡착 성능 등을 부여할 수도 있다. 섬유 모양으로 만들어 냄으로써 얻을 수 있는 첫 번째 특성은 유연성이며 동시에 고강도화이다. 섬유 구조가 부연된 경우에는 고강성(高剛性), 치수 안정성 같은 특성도 발현한다.

탄소 섬유를 탄소 상태에서 직접 섬유 상태로 만들 수 없으므로 공업적으로는 유기 섬유를 탄소화하는 방법으로 만들고 있다. 폴리아크릴로니트릴(polyacrylonithle ; PAN)이나 피치 등을 원료로 사용하고 있으며, 섬유의 특성은 원료와 제조 조건을 제어함으로써 상당한 범위에서 바꿀 수 있다.

이를테면 탄성률을 예로 들어 보자. 시장에 내놓는 제품에 한해서도 약 30GPa에서 800GPa을 넘는 것까지 만들고 있다. 또 전기 전도성도 1,000배 가까이까지 변화시킬 수 있다. 또는 부활 조작을 가하면 흡착 성능이 있는 활성 탄소 섬유(ACF)를 만들 수도 있다.

이처럼 원료와 제조 방법이 다르면 생산되는 탄소 섬유도 다양하다. 때문에 탄소 섬유의 분류/호칭도 ① 원료 제조 방법에 따른 호칭, ② 역학 특성을 척도로 하는 구분, ③ 탄소의 질 내지 제조 조건에 착안한 분류가 병용되고 있다.

이러한 분류법을 사용한다고 해도 모두 섬유의 종합적인 정보가 표시되어 있지는 않으며, 또 탄소 섬유의 종류가 늘어남에 따라 약간의 혼란도 엿볼 수 있다. 그래서 국제표준화기구(ISO)를 중심으로 분류와 호칭의 통일을 검토하고 있다. 미국, 독일, 프랑스, 일본 등이 독자적으로 분류법을 제정 내지 제안하고 있지만 아직은 충분하지 못하다.

'섬유 모양 탄소 재료'를 포괄적으로 호칭하는 탄소 섬유에 대응하는 영국, 독일 및 프랑스 용어는 각각 carbon fiber, Kohlenstoff Faser 및 fiber de carbone을 쓰고 있지만 미국에서는 대개의 경우 graphite fiber라고 한다.

6.1.1. 개발, 공업화의 역사

에디슨이 발명한 백열등용 탄소 필라멘트가 탄소 섬유 발명의 원점이라고 할 수 있지만, 재료로서의 탄소 섬유의 역사는 레이온을 원료로 하는 탄소 섬유의 공업화에서 비롯되었다. 이제 그 개요를 살펴보자.

1959년 : UCC(현 AMOCO) 사가 레이온에서 고탄성 탄소 섬유를 공업화. 개발 동기는 미국에서 우주 개발과 군용에 불가결한 로켓 모터와 노즈에 필요한 융제 개발 요구에 의해서였다. 또 PAN계 탄소 섬유도 개발하였다. PAN은 녹는점을 갖지 않으므로 섬유 모양 그대로 탄소화가 가능할 것이라고 생각하여 여러 종류의 합성 섬유 중에서 PAN을 선택한 것이다. 또 실험을 통하여 소성에 앞서 PAN 섬유를 공기 중에서 가열시켜 둘 필요가 있음을 발견하고, 계통적인 연구 결과 현재와 같은 제조 방법의 기초를 확립하였다.

1962년 : PAN을 원료로 하는 범용 탄소 섬유의 공업화

1963년 : 피치로부터 탄소 섬유를 개발

1964년 : 영국의 RAE가 PAN계 탄소 섬유의 고강도화 제조 특허 출원, 그 후에 영국 각사에 의한 고강도·고탄성 탄소 섬유의 기업화

1968년 : 피치로부터 고성능 탄소 섬유를 제조하는 방법 개발

1969년 : 니혼 카본이 PAN계 고성능급 탄소 섬유를 공업화

1973년 : 스포츠, 레저 분야가 PAN계 탄소 섬유의 안정된 최초의 시장으로 성장하여 공업 제품으로서 정착

1976년 : UCC가 피치계 탄소 섬유(고탄성형)를 공업화, 항공기 분야에서 이용이 드디어 본격화

1985년을 전후하여 Soficar(프랑스) 및 Enka(독일)가 PAN계 탄소 섬유를 공업화하고, 우리나라의 제철화학도 이 대열에 참여하였다. 그리고 미국의 Ashland가 피치계 탄소 섬유 제조에 참여함으로써 제조업자는 22개사로 늘어났고, 항공기의 1차 구조 재료로의 적용이 일정에 올랐다.

건재 분야 등 신규 분야에 대한 실용화가 시작되었고, 활성 탄소 섬유와 같은 기능성 탄소 섬유 이용도 본격화되었다. 시험 방법, 규격의 국제 표준 제정도 ISO/TC61에서 1985년부터 시작되었다.

6.1.2. 응용의 개황

내열성과 고강성 등 많은 우수한 특성을 조직적으로 이용하여 우산 등의 일용품에서부터 스포츠 용구, 항공기와 위성의 구조 재료까

지 거의 모든 산업과 일상생활 용품 분야에서 폭넓게 사용되고 있다. 〈표 6-1〉은 탄소 섬유의 주요 용도와 관련되는 산업 분야를 정리한 것이다.

합성 섬유와는 달리, 탄소 섬유를 실이나 실만으로 되는 중간 기재 (基材) 형태로 사용되는 사례는 적고, 대부분은 복합 재료의 형태로 사용되고 있다. 복합 재료의 모재로는 수지, 탄소 재료, 금속 재료, 무기 재료 등을 생각할 수 있지만, 스포츠/레저용품, 항공기, 우주 기기, 함정, X선 진단 기기, 안테나 등의 예에서 볼 수 있듯이, 실제 로는 수지가 주류를 이루고 있다. 탄소 섬유는 항공기용 브레이크와 연료 전지의 전극 등에 사용되고 있다.

〈표 6-1〉 탄소 섬유의 주요 용도와 이용 형태

이용 형태		용 도	관련 산업
단체		고온 단열제(a)	전자, 자동차, 항공기, 원자력
		실재(a)	화학, 석유화학, 석유, 자동차
복합 재료	수지계	기능 재료(슬립, 도전, 내식 부재 등) (a, b)	전기, 전자, 기계, 자동차, 항공기, 화확
	탄소계	구조 재료(경량 고강성 1차, 2차 부재)(b)	스포츠, 의료, 항공기, 자동차, 전기
		아브레이션 재료(a, b)	우주
	금속계	마찰 재료(a, b)	자동차, 철도, 항공기, 기계
		탄소 · 흑연 재료(a)	철강, 전기
	무기계	전지 관련 기재(a, b)	전력, 자동차
		건축 · 토목 재료(a, b)	선박, 주택, 건설

㈜ 가격 · 성능으로 미루어 보아 a는 범용 탄소 섬유, b는 고성능 급이 주로 사용되었다고 예 측된다. 실선은 이미 실용화되어 있는 것이고 점선은 개발 단계 또는 잠재 시장을 나타낸다.

6.2. 제품과 제조 기술의 동향

먼저 분류와 호칭을 정리하고, 주요 시제품과 개발품 종류, 특성 등을 기술한다. 대표적인 제조 방법의 개요도 소개하고, 이어서 PAN계 탄소 섬유의 고성능화, 피치계 탄소 섬유, 새로운 제조법 등 제조 기술에 관한 최근의 동향을 기술한다.

6.2.1. 탄소 섬유의 종류와 특성

전구체, 제조 방법 및 제조 조건의 차이는 탄소의 질, 실의 구조, 나아가서는 제반 물성에 크게 반영된다. 실제로는 PAN, 피치, 레이온, 페놀 수지 등으로부터 다양한 제품이 만들어지고 있을 뿐만 아니라, 기체상 성장법 등의 새로운 기술 개발도 활발하게 진행되고 있으므로 원료, 제조 조건, 섬유 성능 등의 여러 인자를 포함한 통일된 분류법이 요망된다. 예컨대 미국, 독일, 프랑스, 일본 등에서 새로운 분류/표시법이 제안되기도 하였지만 모두 충분하지 못하므로, 현재는 관용적인 분류/호칭이 사용되고 있는 실정이다. 이하 그것들을 정리하여 본다. (　) 안은 약식 기호이다.

① 원료와 제조 방법에 따른 분류
- 레이온계, • 폴리아크릴로니트릴(PAN)계, • 피치계, • 기체상 성장 탄소 섬유(VGCF)

② 제조 조건 내지는 탄소 질에 따른 분류
- 탄소급, • 흑연급, • 활성 탄소 섬유(ACF)

③ 역학 특성을 척도로 하는 분류
- 범용형(GP)[4], • 고성능형(HP) : ㉮ 중강도형(MT), ㉯ 고강도형(HT), ㉰ 초고강도형(UHT), ㉱ 중간 탄성률형(IM), ㉲ 고탄성률형(HM), ㉳ 초고탄성률형(UHM)

---

[4] 관용적으로 인장 탄성률 : 140GPa(대략 20msi), 인장 강도 : 1400MPa로 구분하며, 그 이하의 것을 범용형이라고 한다.

강도와 탄성률 등의 역학 특성을 이용하여 사용하는 경우가 많은 편이므로 주로 역학 특성을 척도로 분류하고 있는 편이다. 하지만 각각의 급과 형은 반드시 명확하게 정의된 것은 아니고, 또 범용형과 고성능형의 구분을 제외하면 고성능형 중에는 정량적인 경계가 정해져 있지 않고 약간 편의적인 측면을 가지고 있다. 예를 들어, 탄성률만으로 보면 HT, IM, HM, UHM은 연속된 것이므로 정량적으로 구분한다는 것은 좀 곤란하다(〈그림 6-1〉 참조).

앞에서도 기술한 바와 같이, 탄소 섬유는 다양한 특성을 함께 지니고 있는 섬유 재료이다. 주요 특성은 다음과 같다.

① 기존 재료에 비해 강도와 탄성률이 높고 또한 가볍다(밀도는

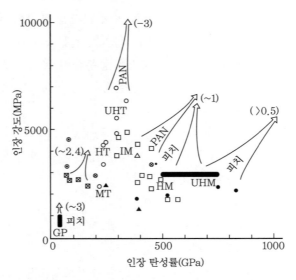

○ : PAN계 MT, HT, UHT, □ : PAN계 HM, IM , ● : 피치계 HP. ■ : 피치계 GP, ; ◉ : 유리 섬유, ⊠ : 아라미드 섬유(파라계), ⊗ : 탄화규소 섬유(＊는 CVD법에 의한 것), △ : 보론 섬유, ▲ : 알루미나 섬유, ⇧ : 전망

〈그림 6-1〉 탄소 섬유 및 그 밖의 보강용 섬유의 역학 특성 현상(주요 시제품)과 전망
(각 사의 카달로그 및 기술 자료에서 인용), 그림에서 ( ) 안의 수치는 파단 신율(%)

2.2g/cm³ 이하). 〈그림 6-1〉은 주요 시제품과 개발품의 인장 강도와 탄성률 현상과 향상 전망도이다. 또 참고로 유리 섬유 (GF), 아라미드 섬유(ArF) 등 보강용 섬유의 특성도 함께 기록 하였는데, 이것들에 비해 높은 탄성률 및 강도를 가진 섬유 재료라는 것을 알 수 있다. 그리고 그 탄성률과 강도를 상당한 범위에서 개선할 수 있는 특징을 가진 특이한 재료이다.

② 2000℃를 넘기까지 강도가 떨어지지 않는다. 탄성률은 1000℃ 부근에서 서서히 떨어지고, 유리 섬유와 아라미드 섬유는 수 100℃가 한계이다.

③ 전도성(10^3~10^5S · m⁻¹), 전자 차폐 성능, 금속과 같은 정도의 전파 반사능을 가지고 있다.

④ X선의 투과성 양호(원자 변호 : 6)

⑤ 열팽창 계수가 다른 재료에 비해서 매우 낮고(−2~+5×10^6K⁻¹), 치수 안전성이 우수하다. 참고로 금속 및 수지의 열팽창 계수는 각각 5~30×10^{-6} 및 20~200×10^{-6}K⁻¹이다. HPCF에서는 계수에 이방성이 있으며, 섬유 축 방향에서는 마이너스 계수를 갖는다.

⑥ 열전도율도 비교적 높다(5~150Wm⁻¹K⁻¹, 섬유 축 방향). 그러나 극저온 영역에서는 상당히 낮다.

⑦ 화학적으로는 매우 안정되고 대부분의 산, 알칼리 및 용제에 침식되지 않는다. 다만, 일부 산화성이 강한 산의 경우 산화로 인하여 열화한다. 또 산, 알칼리 금속, 할로겐, 금속 할로겐화물 등에 의해 중간 화합물이 생성된다. 유리 섬유와 아라미드 섬유는 알칼리와 산으로 열화된다.

⑧ 공기 중에서는 300℃ 정도에서 서서히 산화한다.

⑨ 금속에 대해서는 고온에서 용해, 탄화물의 생성, 중간 화합물

생성 등의 반응이 일어나지만, 수 100℃ 이하에서는 안정하다.

⑩ 미세한 세공이 있고 표면에는 산소를 함유할 수 있는 작용기가 존재하지만, 용융 금속에는 젖지 않고 또 고분자 재료와의 친화성도 충분하지 않다(따라서 보강재로 사용하는 경우 접착성을 개량하기 위해 표면 처리를 실시하는 사례가 많다).

⑪ 부활한 경우 주로 1nm 정도의 미크로 세공이 부여되며, 높은 흡착능이 나타난다.

⑫ 생물학적 열화는 없다.

⑬ 마찰·마모 특성이 우수하다.

⑭ 생체 친화성이 우수하다.

⑮ 다른 무기 섬유에 비해 부드럽기 때문에 가공이 비교적 용이하다.

이 책의 성격상 여기에서는 특성 개요만을 기술한다. 더 상세하게 알고 싶은 독자는 전문 도서를 참고하기 바란다.

6.2.2. 제조 방법 개요

앞에서 관용적 분류법을 언급하였지만, 구조면에서 보면 두 가지로 대별된다. 하나는 실질적으로 배향성을 갖지 않는 등방성 탄소 섬유이고, 다른 하나는 이방성이 높은 탄소 섬유이다. 이방성 탄소 섬유는 삼방 탄소의 미결정 탄소 망면 방향이 섬유축에 평행이 되도록 선택적으로 배향한 고리 모양 섬유 구조를 지닌다. GP는 등방성 탄소 섬유이고, 섬유축 방향의 인장 탄성률이 1400MPa를 넘는 일은 이론적으로 있을 수 없다.

HP는 모두 이방성 탄소 섬유의 고리 모양 배향을 지니며, 인장 탄성률은 전구체의 종류와 제조 방법 차이에 상관 없이 거의 미소 결정의 배향 계수로 결정되지만, 강도와 복합 효과 등은 고차 구조에 크

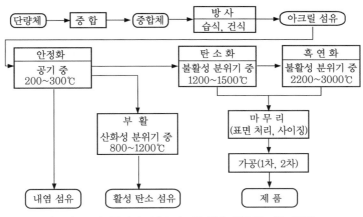

〈그림 6-2〉 폴리이크릴로니트릴 탄소 섬유의 제조 공정

게 지배된다. 레이온계를 공업화한 이래 다수의 전구체가 연구되었지만, 그중에서 PAN이 선택되었다. 그런데 최근 피치가 주목받고 있는 이유는 섬유 물성과 경제성 등이 우수하기 때문이다. 섬유 구조를 지니게 하는 것이 이론적으로 쉬운 점이 오히려 중요하다.

두 가지 섬유의 제조 공정 개요를 다음에 소개한다.

〈그림 6-2〉는 PAN계 탄소 섬유의 제조 공정도이다. 탄소화에 앞서 안정화 처리가 탄소 섬유의 성능을 좌우하므로 안정화는 가장 중요한 공정이다. 안정화 공정에서는 피리미딘(pyrimidine) 고리를 주축으로 한 라더폴리머가 생성되는 것이 바람직하지만, 실제로는 복잡한 반응이 동시에 일어나므로 공정상의 대책과 더불어 고리 닫기 반응에 적합한 작용기 도입 등 전구체의 개질도 이루어지고 있다.

HPCF를 만드는 경우, 섬유 구조를 유지하기 위해 보통 길이를 늘이는 조작을 가하면서 안정화 처리를 한다. 또 탄소화와 흑연화 공정에서도 긴장 아래 처리하는 것이 바람직하므로 제각기 특징을 가진 제조 기술이 확립되어 있다.

안정화 처리 공정에서 끌어낸 섬유는 부식이나 침식에 잘 견디기

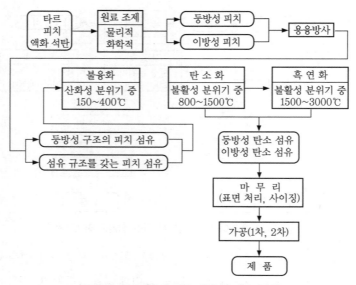

〈그림 6-3〉 피치계 탄소 섬유의 제조 공정

때문에 내염, 내식(耐蝕) 재료로 사용한다. 내염 섬유는 산소를 10% 이상 함유하고, 사다리꼴 구조를 가지고 있으므로 한계 산소 지수가 55 이상에서 열적으로 안정하다. 안정화 처리를 한 후에 수증기, 공기, 탄산가스 등으로 부활하면 PAN계 활성 탄소 섬유가 생긴다.

〈그림 6-3〉은 피치계 탄소 섬유의 제조 방법 공정도이다. PAN계의 경우와는 달리 탄소 섬유의 종류는 전구체 피치의 성상에 따라 결정된다. 즉, 무정형 등방성 피치로부터는 GPCF가 얻어지는 한편, 섬유 제조를 갖는 HPCF 제조에는 이방성 피치를 사용한다.

이방성 피치는 다소나마 광학적 이방성을 나타내고 또한 섬유 구조의 형성 기능을 지니고 있다. 현재 판매되고 있는 것은 피치 액정과 등방성 피치로 이루어진 메소페이스 피치를 전구체 원료로 사용하고 있지만, 생산성과 섬유의 성능상 반드시 충분한 것은 아니므로, 6.2.3에서 설명하는 바와 같이 새로운 이방성 피치 개발이 추진되고 있다.

불용화(不融化) 공정은 피치 섬유를 불(난)용, 불용의 상태로 만들어 탄소화 공정에서 섬유 모양 유지를 목적으로 하는데, PAN계의 안정화 공정과는 약간 다르긴 해도 매우 중요한 공정이다.

PAN 및 피치(이방성)의 전구체로서의 특징은 전구체 섬유가 갖는 섬유 구조가 모든 공정에서 유지되는 점에 있다.

6.2.3. 제조 기술의 동향

사용하는 재료에 대한 요구의 고도화와 다양화에 대응하기 위해 성능 향상과 가격 절감 등, 제조 측면에서 여러 가지로 개량, 개발이 일관되게 추진되어 왔다. 여기서는 PAN계 탄소 섬유의 고성능화와 피치계 탄소 섬유의 양산 및 고성능화, 기체상 탄화에 의한 새로운 제조 방법 등을 설명한다.

(가) 폴리아크릴로니트릴계 탄소 섬유

항공기 1차 구조 재료로 사용하려는 계획이 구체화됨에 따라 PAN계 HP의 고성능화가 수년 전부터 활발하게 추진되고 있다. 항공기에 사용하려면 경량화와 더불어 알루미늄 합금과 같은 정도의 설계 허용 변형과 높은 손상 허용성이 복합 재료에도 요구된다. 그 대응으로서 섬유에 관해서는 높은 신도화(伸度化), 고탄성률화, 접착성의 개선, 내열성 향상이 이루어져야 했다.

그래서 〈그림 6-1〉에 보인 것처럼, UHT 등 이른바 프레미엄 품종이 개발되었다. 물론 탄소 섬유의 단점인 잡아당기면 잘 끊어지는 성질의 개선은 공업화 당초보다 지향되어 왔다. 〈그림 6-4〉는 역학 특성이 어떻게 향상되었는가를 도시한 것이다.

당연한 일이지만, 위에서 열거한 요구는 보강 섬유의 고성능화만으로 달성되는 것은 아니다. 그래서 모재 수지의 개질과 복합화 기술의 개발이 반드시 필요하다.

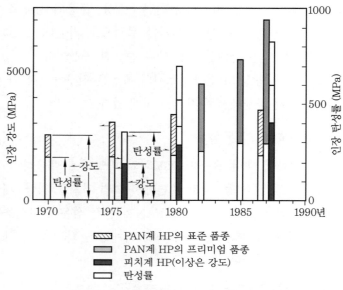

PAN계 HP의 표준 품종
PAN계 HP의 프리미엄 품종
피치계 HP(이상은 강도)
탄성률

〈그림 6-4〉 고성능 탄소 섬유의 강도와 탄성률 향상 경위

〈그림 6-1〉과 〈그림 6-4〉에 보인 바와 같이 7000MPa을 넘는 인장 강도를 가진 UHT와 탄성률이 820GPa인 UHM이 개발되었는데, 이들의 도달 가능한 물성 수준을 살펴보자.

탄소 섬유의 역학적 물성값(재료의 특성값)은 일찍부터 지적되고 있는 바와 같이 결함에 지배되므로 내부 구조에 따라 결정되는 극한의 물성값(이론값)에서 마이너스로 작용하는 응력 집중 요인 및 환경에 의한 공격 요인을 뺀 것이다. 〈그림 6-5〉에 이를 보였다.

내부 구조에 관계되는 주요 인자는 화학 구조, 미소 결정의 완전성과 크기, 배열 방식과 배향 정도 등이다. 〈그림 6-6〉에 기본적인 고차 구조의 모형 그림을 제시하였다. 한편 세공, 금이 간 부분(크랙), 불순물, 이상 구조 같은 내부 및 겉 부분의 결함 및 이물, 교착, 화학 변화 등을 저하 요인으로 생각할 수 있다.

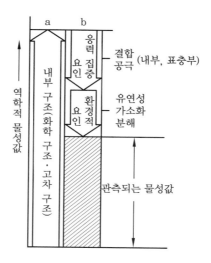

〈그림 6-5〉 섬유 물성의 발현 요인(a)과 저하 요인(b)

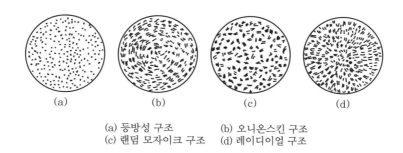

(a) 등방성 구조   (b) 오니온스킨 구조
(c) 랜덤 모자이크 구조   (d) 레이디이얼 구조

〈그림 6-6〉 탄소 섬유의 기본 고차 구조 모형

〈표 6-2〉에 보인 흑연 단결정의 이론값의 크기로 보아 탄소 섬유가 다른 유기 섬유에 비해 본질적으로 높은 탄성률과 강도를 가지는 것으로 기대되는데 실제로는 어떨까?

인장 강도의 극한값에 대해서는 탄성률 등으로 추정하는 등 2~3

<表 6-2> 각종 재료의 이론 강도와 이론 탄성률

재 료	이론 강도 (GPa)	이론 탄성률 (GPa)
흑연(탄소 망면 방향)	182	1020
폴리에틸렌 *	31	182
나일론66 *	31	196
폴리에틸렌텔레프탈레이트 *	26	122
폴리팔라페닐렌텔레프탈아미드 *	26	200
다이아몬즈(111 방향)	110	

* 주사슬 방향

가지 이론이 있다. 또 루프법에 의한 실험으로는 1000℃로 소성한 PAN계 탄소 섬유의 고유 강도는 7000MPa 전후란 것이 개발 당초에 알려졌지만, 여기서는 Griffith 식을 따르기로 하여 이론 강도 σ_f 를 검토한다.

$$\sigma_f = (2E\gamma/\pi c)^{1/2}$$

여기서 E 는 인장 탄성률, γ 는 표면 에너지, c 는 미소 크랙의 길이이다. 탄소 섬유의 구조에 대해서는 몇 가지 모형이 제안되어 있다. <그림 6-7>은 PAN계 탄소 섬유의 내부 구조 모형의 하나이다. 이것은 현재 생산되고 있는 실의 실재 모양에 가깝다고 한다. 그림에서 볼 수 있듯이, 실제로 생산되고 있는 탄소 섬유에는 미소 결정이 흐트러져 있는 배열과 다양한 크기의 결함이 존재하는데, 여기서는 c 를 10nm 로 가정하여 이론 강도를 구한다. 그 이유는, 탄소 섬유는 이방성이 높은 미소 결정으로 이루어진 다결정체이므로, 미소 결정의 크기와 같은 정도의 적층 결함이 존재하는 것은 피할 수 없다는 주장이 타당하다고 생각하기 때문이다.

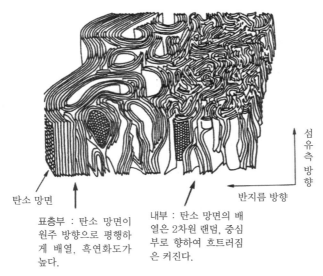

섬유측 방향

반지름 방향

탄소 망면

표층부 : 탄소 망면이 원주 방향으로 평행하게 배열, 흑연화도가 높다.

내부 : 탄소 망면의 배열은 2차원 랜덤, 중심부로 향하여 흐트러짐은 커진다.

〈그림 6-7〉 PAN계 탄소 섬유의 고차 구조 모형

γ를 $4.2J/m^2$로 하면 850GPa 및 300GPa의 탄성률에 대한 σ_f 는 각각 15,000MPa 및 9,000MPa이 된다. 여기서 850GPa 및 300GPa이라는 수치는 각각 시장에 나오는 제품의 탄성률 최고값 및 1차 구조 재료 용도에서 필요로 하는 탄성률 수준이다.

이상적 구조에 가까운 흑연 위스커(whisker) 강도의 실측값은 약 20,000MPa이다. 또 〈그림 6-5〉에 보인 저하 요인을 고려하여 전구체를 탄화하는 방법으로 만든 탄소 섬유에 국한한다면 l0,000MPa 전후가 공업 제품으로서 발현할 수 있는 강도의 한계라고 볼 수 있다. 한편 탄성률에 관해서는 이미 흑연 단결정의 이론값인 80%가 넘고 있다. 아마도 900GPa 정도가 마찬가지 의미에서 한계인 것으로 생각한다(실험실적으로는 965GPa 탄성률의 탄소 섬유가 얻어졌다).

〈그림 6-4〉에서 볼 수 있듯이, 탄소 섬유의 인장 강도는 해마다 향상되어 초기 섬유의 3배를 넘는 것이 시판되고 있다. 동시에 탄성률

도 향상되었다.

이와 같은 고성능화는 내부 구조의 최적화와 다양한 저하 요인의 경감 및 배제 등 종합적인 노력의 결과이다. 구체적으로는 원료 폴리머의 고분자량화에 의한 원사의 배향성 향상 같은 고차 구조의 최적화, 지름의 저감, 방사 조건의 최적화, 원료의 고성능화와 불순물의 철저한 제거에 의한 결함 인자의 경감, 공정의 클린화와 엄밀한 최적화 제어에 의한 결함 요인 배제, 품질 관리 기술 개발과 그들을 철저하게 지키는 등 조직적 개량, 개발 성과에 의한 것이다.

고성능화 목표의 하나인 내열성 향상에 있어서도 섬유 제조 및 표면 처리 공정에서 여러 가지 개선이 이루어졌다.

(나) 피치계 탄소 섬유

피치계 탄소 섬유는 HPCF의 공업화에 관심이 집중되고 있다. 먼저 GPCF의 제조 기술 동향에 대하여 간단하게 기술하고, 이어서 HPCF의 고성능화와 제조 기술 개발에 대하여 기술하기로 한다.

시판되는 피치계 GPCF는 석유계 피치로부터 회전 방사법으로 만드는데, 석탄계 원료를 이용하려는 시도, 공정 개량, 새로운 제조 방법 등이 개발되었다. 원료에 있어서는 석탄 타르/피치와 용제 추출 석탄 또는 용제 정제탄 등이 전구체 원료로 충분히 이용될 수 있다. 최근에는 석탄 피치로부터 GPCF의 상업 생산이 일정에 오를 정도로까지 되었다.

이러한 원료 전환 연구는 물론 제조의 합리화와 섬유 성능의 향상을 목적으로 하는 것이겠지만, 탄소 섬유의 경우는 제조 원가 중에서 원료비가 차지하는 비율이 비교적 낮기 때문에 원료를 석탄계로 전환함으로써 그것이 바로 가격 절감으로 이어진다고는 생각하기 어렵다. 오히려 이러한 기술의 의미는 전구체 설계의 가능성 확대와 장래의 원료 공급 안정성 확보에 있다.

한편 제조 기술면에서는 기존 공정의 개량과 대형화에 이어 새로운 방사 기술에 의한 공업화와 필라멘트 섬유 제조도 계획되었다.

예를 들면, 방사 기술에 대해서는 와류법이라고 하는 방사 방법이 개발되었다. 이것은 방사 베이스에서 밀어낸 용융 피치에 여러 곳에서 열 제트 가스를 접선 방향으로 뿜음으로써 피치 섬유를 가늘게 하고 또한 분단하여 섬유 모양으로 하는 것인데, 회전 방사법보다도 생산 효율이 높다. 다만, 섬유의 형태는 매트 상으로 한정되는 모양이다. 참고로 호전 방사법에서는 스테이플 섬유 형태로 만들고 있다.

위에서 설명한 제조 기술의 진보는 공정 합리화와 제품 개량에 직접 반영되었다. 하지만 그 효과 정도에 대해서는 공개된 것이 없다. GPCF와는 달리 피치계 HPCF 제조에서 주요 관심사는 섬유의 고성능화이다. 그 까닭은 섬유 특성과 보강 효과가 충분하지 않아 적용 범위가 매우 한정되기 때문이다. 예를 들면, 〈그림 6-1〉에서 볼 수 있듯이 섬유의 인장 강도는 개발품도 3,000MPa 정도에 불과하다. 또 복합 재료의 압축 강도는 인장 강도에서 같은 정도의 PAN계 섬유 복합 재료에 비해서도 상당히 낮다. 그 원인의 하나는 섬유 자체의 압축 강도가 낮은 것을 들 수 있다.

6.2.2에서도 설명한 바와 같이, HPCF는 배향 양식으로는 고리 모양 섬유 구조로 분류된다. 하지만 이방성이 높은 미소 결정으로 구성되어 있으므로 상이한 고차 구조 존재가 가능하다. 〈그림 6-6〉은 기본적인 고차 구조 모형인데, 실제로는 이것들이 겹친 여러 종의 고차 구조가 발현된다.

PAN계 HPCF의 고차 구조는 탄소 망면이 섬유축에 직교하는 단면의 원주 방향에 평행으로 배열한 오니온스킨(onionskin)형을 기본으로 한다. 실제로 만들고 있는 섬유에서는 표층부는 오니온스킨형 구조이고, 흑연화도와 방향성이 내부보다 높다. 내부는 랜덤-모자이크형(미소 결정의 c축은 섬유축에 수직) 내지는 탄소 망면이 단면의 지름 방향에 평행하게 배열한 레이디얼형으로 되어 있는 구조가 지배적이다. 〈그림 6-7〉을 참조해 보라. 탄성률은 표피층에서 가장 높고 중심으로 향함에 따라 떨어진다고 하는 실험 결과는 상기한 고차 구조와 잘 대응한다.

한편 피치계에서는 여러 종의 상이한 구조가 존재하는 것이 확인되었다. 곧은 사슬 모양 고분자인 PAN과는 달리, 판상의 다환 탄화수소 분자로 이루어진 피치로 만들므로 피치 섬유 단계에서 각종 고차 구조가 불가피하게 발생한다.

피치계의 경우에는 미소 결정이 커지기 쉽기 때문에 고차 구조는 섬유의 특성, 특히 강도와의 관계에서 매우 중요하다. 예컨대, 레이디얼 구조의 섬유는 지름 방향으로 균열이 발생하기 쉽고 그것이 거시적인 결함이 되기 때문에 일반적으로 고강도의 것을 만들기는 어려울 것으로 생각한다.

섬유 특성과 고차 구조의 관계, 그리고 고차 구조의 제어 등에 관한 연구 발표는 거의 없다. 그러나 고차 구조가 방사 조건에 크게 지배되고 또 전구체 피치와 밀접한 관계가 있다는 것은 시사되었다. 피치계 HPCF의 고성능화는 위에서 설명한 바와 같은 배경에서 전구체 피치를 중심으로 추진되고 있다. 〈그림 6-8〉은 대표적 이방성 피치 제조법의 개요이다.

새로운 방법은 모두 레이디얼 구조의 섬유로 되기 쉬운, 연화 온도가 열분해 온도에 가깝다는 등 보통 메소페이스 피치가 갖는 문제점의 해결을 의도한 것이다. 하지만 보통 메소페이스 피치의 개질과 신규 이방성 피치 개발로 대별된다.

전구체에 적합한 성분을 원료 피치로부터 용제 분별로 분리하여 열처리함으로써 만드는 네오메스페이스 피치는 전자에 속하는 것이

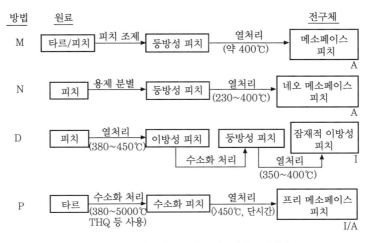

방법	원료		전구체

M 타르/피치 → 피치 조제 → 등방성 피치 → 열처리 (약 400℃) → 메소페이스 피치 A

N 피치 → 용제 분별 → 등방성 피치 → 열처리 (230~400℃) → 네오 메소페이스 피치 A

D 피치 → 열처리 (380~450℃) → 이방성 피치 → [수소화 처리] → 등방성 피치 → 열처리 (350~400℃) → 잠재적 이방성 피치 I

P 타르 → 수소화 처리 (380~5000℃ THQ 등 사용) → 수소화 피치 → 열처리 (>450℃, 단시간) → 프리 메소페이스 피치 I/A

M : 메소페이스 피치법, N : 네오 메소메이스 피치법
D : 잠재적 이방성 피치법, P : 프리 메소페이스 피치법
*A : 광학적 이방성, I : 광학적 등방성

〈그림 6-8〉 전구체 피치의 제조 방법

다. 그리고 보다 우수한 메소페이스 피치를 얻으려고 한다. 침지(沈漬)·분리에 의한 방법도 이 범주에 속한다.

한편, 잠재적 이방성 피치나 프리 메소페이스 피치는 기본적으로는 마찬가지이다. 그러나 성상은 상당히 다른 새로운 이방성 피치이다. 양자에 공통되는 제조 기술상의 특징은 수소화 처리 기술을 이용한다는 점이다. 성상면의 특징으로는 보통 메소페이스 피치에 비해서 연화 온도가 낮고 유동성이 양호하며 용제에 대한 용해성이 높은 점 등을 들 수 있다. 이것은 수소화 처리에 의해서 도입된 지환 구조와 곁사슬에 의한 것이라고 생각한다.

앞에서 설명한 피치로부터 만든 탄소 섬유의 역학적 특성을 〈그림 6-9〉에 종합 정리하였다. 참고로 PAN계 탄소 섬유의 데이터도 함께 기록하였다. 또 처리 온도가 1,200℃를 넘으면 강도가 떨어지는

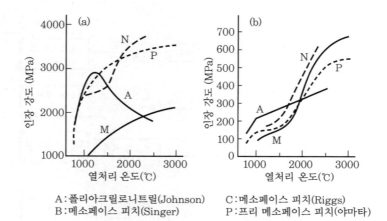

A : 폴리아크릴로니트릴(Johnson)　　C : 메소페이스 피치(Riggs)
B : 메소페이스 피치(Singer)　　　　P : 프리 메소페이스 피치(야마타)

〈그림 6-9〉 전구체의 종류와 탄소 섬유의 인장 강도(a) 및 인장 탄성률(b)의 관계

경향은 분위기를 클린화함으로써 개선할 수 있다는 것이 보고되었다. 모두 실험실 규모에서의 연구 결과일 뿐 아직 시험 방법이 공개되지는 않았다. 따라서 성급하게 우열을 가리기는 힘들지만, 피치의 성상이 섬유의 역학 특성을 지배하는 중요한 인자인 것만은 확실하다.

이것은 섬유를 고성능화하는 데 있어서 피치의 개량과 수식이 유력한 수단이 될 수 있다는 것을 시사한다. 실제로 피치계 HPCF의 고성능화 및 생산성 향상은 피치를 중심으로 광범위하게 추진되고 있다.

PAN계 탄소 섬유와 같은 수준의 강도 발현은 이론적으로는 가능하다. 그렇지만 실제로는 전구체의 분자 구조 때문에 고차 구조가 제조 조건 변동의 영향을 받기 쉬울 뿐만 아니라, 흑연화되기 쉬운 점과 고순도화 기술 등의 문제도 있으므로 고강도화에는 스스로 한계가 있다고 생각한다. 또한 피치계에 있어서도 PAN계의 경우와 마찬가지로 원료와 분위기의 클린화가 고성능화에 유효하다는 것이 보고된 바 있다.

(다) 기체상으로 성장하는 탄소 섬유

이제까지 설명한 방법은 중합(피치화), 섬유화, 탄소화의 세 공정으로 이루어졌는데, 저분자의 탄화수소로부터 하나의 공정으로 직접 탄소 섬유를 만드는 전혀 새로운 방법이 개발되었다.

기본적 생성 장치의 한 예를 〈그림 6-10〉에 보기로 들었다. 탄화수소, 예컨대 벤젠과 수소의 혼합 기체를 1,100℃ 전후의 온도로 유지한 반응관 ⑥에 도입한다. 반응관 속에는 초미분(10nm 정도)의 Fe 또는 Fe/Ni 합금을 담지한 알루미나 또는 인조 흑연 기판 ⑦이 놓여 있다. 탄화수소는 반응관 안에서 열분해되지만 동시에 초미분 금속을 생성 핵(촉매)으로 하여 기판 위에 지름 10μm 전후의 짧은 섬유가 생성된다. 섬유 형성이 기체상(氣體相)으로 이루어지므로 기체상 성장 탄소 섬유(VGCF)라고 한다.

이 방법으로 얻는 섬유는 탄소 망면이 나이테 모양으로 배열된 구조인데, 강도 및 탄성률이 매우 높다. 그리고 도전성도 우수한 것으로 알려지고 있다. 〈그림 6-10〉에 보인 장치로 만드는 섬유의 길이

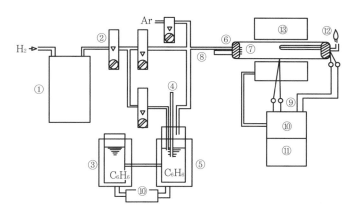

① 수소 순화 장치, ② 유량계, ③, ⑤ 벤젠, ④ 온도계, ⑤ 항온조, ⑥ 반응관, ⑦ 기판, ⑧ 관찰창, ⑨ 열전대, ⑩ 온도 조절기, ⑪ 온도 기록계, ⑫ 가스 배출구, ⑬ 전기로

〈그림 6-10〉 기체상으로 성장하는 탄소 섬유의 기본적 생성 장치의 예

는 수 cm 내지 수십 cm이지만, 이론적으로는 이보다 긴 섬유의 제조도 가능하다고 한다.

최근 유동 기체상법이라고 하는 새로운 VGCF 제조 방법이 개발되었다. 이 방법의 특징은 유기 금속 화합물을 사용하는 점이다. 유기 금속 화합물은 탄화수소 및 캐리어 가스와 혼합하여 반응관 속에 넣고 열분해하여 5~10nm 정도의 금속 또는 금속 탄화물의 초미립자를 만든다. 이 미립자의 촉매 기능으로 유동 상태에서 VGCF가 생성된다. 생성물은 유동 조건을 제어함으로써 연속적으로 이끌어낼 수 있다. 이 방법으로 얻는 탄소 섬유는 지름이 0.2~1㎛, 길이가 수백 ㎛의 위스커 모양이고, 흑연화 처리된 것은 약 1,000GPa의 탄성률을 가지며 체적 저항률은 $7 \times 10^{-5}\Omega$cm라고 한다.

기체상 성장법에 의한 탄소 섬유 제조에 관한 공업화가 계획되고 있다는 소식은 있지만, 공정과 섬유의 실용 물성에 대해서는 공개된 자료가 거의 없다.

지금까지는 섬유의 제조 기술에 대하여 설명하였다. 실용상 섬유 자체의 특성도 그렇지만 직물과 프리프레그 등의 제조 기술, 섬유의 표면 처리 기술, 섬유 성능에 걸맞는 모재 수지의 개발, 그리고 부재의 설계와 성형 가공 기술이 더욱 중요하다. 예컨대, 수지에 관하여서는 에폭시 수지의 고인성화와 내열성 개선 등이 추진되고 있다. 탄소 섬유의 고신도화와 더불어 복합 재료의 고성능화도 일정 수준에 이르렀지만, 기술에 대한 공개는 거의 없는 실정이다.

7 탄소 재료의 미래 전망

탄소 재료는 앞으로 큰 가능성을 지닌 미래의 재료이다. 하지만 그 발전 방향을 구체적으로 예측한다는 것은 쉬운 일이 아니다. 유일하게 확실한 점은 과거의 발전의 발자취를 통하여 시사하는 바를 감지할 수 있을 뿐이다.

이 장에서는 오늘에 이르기까지 탄소 재료 발전 역사를 대충 살펴보고, 미래의 방향을 대담하게 예측해 보기로 한다.

7.1. 탄소 재료의 개발 역사

탄소 재료는 어떠한 재료인가, 탄소 재료는 어떠한 곳에 쓰이는가를 그 이유와 함께 대충 이해했을 것으로 믿는다. 또 탄소 재료와 에너지, 환경과의 깊은 관련에 대해서도 많이 이해하게 되었으리라고 믿는다. 이제 마무리로 탄소 재료의 미래를 생각하면서 이 책을 끝내기로 한다.

'온고지신'이라는 말은 옛것을 익혀서 새로운 견해나 지혜를 터득하자는 격언이다. 과학 기술의 발전이 오늘날처럼 일진월보하는 상태에서 미래를 예측하기란 지극히 어려운 일이 아닐 수 없다. 그러므로 우선은 이제까지의 탄소 재료 발전의 역사를 되살펴 보기로 한다.

이제 숯은 우리들 생활에서 점점 멀어지고 있다. 간혹 통닭집이나 갈비집에서 사용하고는 있지만 극히 드문 편이다. 인간과 관련을 가진 최초의 탄소는 목탄이었다. 화로에 피워서 난방에 이용하기도 하고 생선을 구워 먹기도 하였다(〈그림 7-1〉 참조).

〈그림 7-1〉 목탄의 최초 이용법

이어서 목탄은 금속을 만드는 데 쓰이기 시작하였다. 고대 이집트에서 청동기 제작에 목탄을 사용하였다. 〈그림 7-2〉에 이를 보였다. 목탄을 사용하는 야금이 등장한 것이다. 천연으로 생산되는 광물과

〈그림 7-2〉 고대 이집트에서 목탄을 태워서 청동기를 제조하는 모습

목탄을 섞어서 점화하였다. 산화 반응으로 온도가 상승하고 광물 중의 산소 원자가 목탄에 의해서 제거됨으로써 금속이 생성되었다. 즉, 환원(reduction)이라는 화학 반응도 동시에 관여하였다.

그 후 목탄은 부존량이 풍부하고 화력도 강한 석탄과 석탄의 2차 산품인 코크스로 대체되었다. 그러나 연소든 야금이든 사용 목적 본질은 목탄의 경우와 아무런 다름이 없었다. 탄소를 처음 사용하게 된 것은 그 화학적 성질 때문이었다고 할 수 있다.

목탄과 코크스는 엄밀한 의미에서는 탄소 재료라고는 말할 수 없다. 본격적인 탄소 재료의 출현은 탄소 입자와 점토 광물을 혼련(混鍊)하여 그것을 이용하여 여러 가지 모양을 만드는 기술이 개발되고부터이다. 이 기술을 '부형 기술(賦型技術)'이라고 한다.

부형 기술은 탄소 재료의 이용 분야를 엄청나게 넓혀 놓았다. 특히 이 방법으로 만든 도가니(crucible)는 야금용 용기로 불가결한 것이 되었다(〈그림 7-3〉 참조). 이 기술이 얼마나 우수한가는 우리가 사용하고 있는 연필의 심이 오늘날까지도 이 방법으로 생산되고 있는 것으로도 알 수 있다(〈그림 7-4〉 참조).

그 후 제철 공업의 발전은 많은 양의 코크스를 필요로 하였다. 코

〈그림 7-3〉 현재 사용하는 도가니 (점토와 탄소 복합 재료)

〈그림 7-4〉 연필심(점토와 탄소 복합체)

크스를 제조할 때 부산물로 나오는 피치로부터 코크스를 만들 수 있게 되었다. 탄소 재료의 원료는 이렇게 해서 피치코크스로 옮겨 갔다.

부형성이 있다고는 하지만, 코크스에 점토 광물을 섞어서 탄소 재료를 만들면 그만큼 탄소의 특성이 상실되는 것은 당연하다. 탄소의 특성을 손실하지 않고 임의의 형상 제품을 만들려는 의도에서 개발된 것이 점토 광물 대신에 피치를 사용하는 방법이었다. 코크스 입자와 피치를 잘 혼련한 다음 그것을 성형하여 탄소화한다. 완성된 제품은 '올 카본' 제품이다. 이 방법은 그 후 탄소 공업의 기본 기술이 되었다. 현재 제조되고 있는 탄소 제품 대부분은 이 방법으로 만들고 있다.

7.2. 화학으로부터 물리로, 그리고…

재료가 발전하는 하나의 원인으로는 그 재료가 처한 환경과의 관계를 배제할 수 없다. 아무리 우수한 재료일지라도 주변 환경이 그 재료를 필요로 하지 않는다면 무슨 소용이 있겠는가?

위에서 설명한 방법으로 만든 탄소 성형품은 그 당시 급진전을 이룩한 전자기학과 마주친 것이 행운이었다.

탄소봉의 방전으로 불을 밝힌 아크 램프는 어두운 밤의 거리를 일변시켰다(〈그림 7-5〉 참조). 탄소 브러시를 사용한 전동 모터는 산업의 툴을 바꾸어 놓았다. 탄소의 초기 이용이 화학적 성질의 이용이었

〈그림 7-5〉 19세기 미국의 아크 램프

다고 한다면, 이것은 탄소 재료의 물리적 성질의 이용이라고 할 수 있다.

탄소 재료는 이와 같은 역사를 거쳐 현재 원자로, 반도체, 항공 우주, 정보 관련 첨단 분야 등에서 사용하는 재료로 발전하였다. 이와 같은 분야에서 사용되고 있는 재료의 성질은 당시까지 알려지지 않았던 탄소 재료의 새로운 성질과 기능이다. 또한 복수의 성질을 능률적으로 조합한 것이다. 그리고 이 발전을 뒷받침한 것은 제조 기술의 눈부신 발전이었다.

7.3. 탄소 재료 개발의 미래

이제까지 설명한 바와 같은 발전의 연장선상에 나타날 미래의 탄소 재료는 어떠한 모습을 띠게 될 것인지를 명확하게 예측하기는 어렵다. 다만 개인적인 견해로는 〈그림 7-6〉과 같은 연구 방향으로 나가지 않을까 예측한다.

〈그림 7-6〉 탄소 재료의 미래 연구 방향

우선 이제까지 발견하지 못한 탄소 재료의 새로운 특성과 기능의 탐색을 들 수 있다. 제2부 2.2절에서도 설명하였지만, 탄소 섬유에 미생물이 대량으로 부착하여 증식하는 현상은 극히 최근에 발견된 성과이다. 그러나 기존의 탄소 재료에서 앞으로 새로운 기능이나 특성을 발견한다는 것은 결코 쉬운 일이 아니다. 그래도 우연한 발견은 많았다. 풀러렌, 탄소 나노튜브, 그래핀이 그렇다. 오히려 새로운 구조와 조직을 만들고 거기서 새로운 기능이나 특성을 이끌어 내는 재료 설계가 필요 불가결할 것으로 생각한다.

그러기 위한 최초의 방법은 탄소 재료의 크기, 구조, 조직의 미세화와 미소화이다(〈그림 7-7〉 참조). 탄소 망면은 망면 말단의 탄소 원자와 망면 내부의 탄소는 서로 다른 두 상태의 원자로 구성되어 있

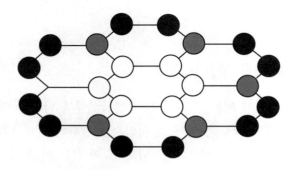

〈그림 7-7〉 내부의 원자보다 활기찬 주변의 탄소 원자

다. 양쪽 탄소 원자가 서로 다른 성질을 발현하는 것을 쉽게 이해할 수 있다.

보통 탄소 재료에는 탄소 망면 말단의 탄소 원자 비율은 면 내부의 탄소 원자 비율에 비해서 매우 작다. 그러나 망면이 작아지면 말단 탄소 원자의 비율이 증가하여 그러한 탄소 원자의 성질이 재료의 성질로서 강하게 나타난다.

보통 탄소 재료에서는 볼 수 없는 특이한 전자기 거동이 이미 관측되었다. 컴퓨터를 이용한 시뮬레이션에서도 특이한 성질 출현이 예측되고 있다. 하지만 흑연은 그 성질상 초미소 입자로까지 분쇄하기가 무척 어렵다. 현재는 미소한 다이아몬드 입자를 탄소화하고 있는 모양이다. 시료 조제법이 개발된다면 새로운 전개가 기대된다.

나노미터 크기의 탄소 재료로는 풀러렌, 탄소 나노튜브 및 그래핀이 알려졌다. 다음은 이들 재료를 이용한 탄소/탄소 나노 복합 재료를 만드는 연구이다.

이러한 나노 복합 재료에서는 탄소 나노튜브 골재와 풀러렌 모재 사이의 계면의 비율이 매우 커진다. 2차원 그래핀은 또 어떠한가? 계면 상태를 제어함으로써 종전까지의 복합 재료에는 없는 특이한 역학 특성, 예컨대 가소성(plasticity)을 가진 복합 재료 등이 개발될 가능성이 있다. 단 공업 재료로 사용하기 위해서는 이러한 원료의 양산법(量産法) 개발이 불가결하다. 그러나 반드시 탄소 나노튜브, 풀러렌 또는 그래핀일 필요는 없다.

탄소 재료라고 해서 100% 탄소 원자로만 구성될 필요는 없다. 탄소 재료의 영역을 넓혀서 발전시키는 두 번째 방법은 다른 원소의 도입이다. 탄소 망면 속의 탄소 원자를 보론이나 질소 원자로 치환함으로써 새로운 특성이나 기능의 발현, 종래 특성의 대폭 향상에 성공한 예를 이미 3장에서 소개한 바 있다(〈그림 7-8〉 참조).

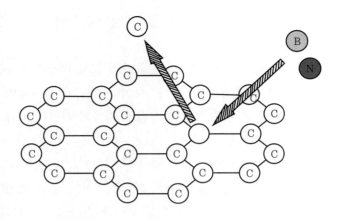

〈그림 7-8〉 보론이나 질소 원자로 치환한 탄소 망면 속의 탄소 원자

더욱 발전하기 위해서는 치환하는 원자의 종류와 비율의 폭을 넓히는 외에도 치환하는 위치까지도 제어할 수 있는 고도의 기술 개발이 필요하다.

세 번째로는 탄소-탄소 3중 결합의 이용을 들 수 있다. 커다란 칼빈 결정(Calvin crystal)을 합성한다는 것은 무리라 할지라도, 3중

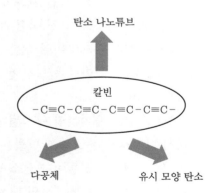

〈그림 7-9〉 곧은 사슬 모양 탄소, 칼빈을 경유하는 이용법

결합을 이용하여 의도적으로 탄소 재료의 성질을 제어하거나 새로운 탄소 재료 합성에 사용하는 길이 있을 것 같다.

이제까지 3중 결합을 의식적으로 이용한 재료 개발 연구는 전혀 찾아볼 수 없었다. 최근에 이르러서야 겨우 두 서넛의 연구를 볼 수 있다. 불안정한 칼빈을 이용한 칼빈 나노튜브의 합성과 특이한 세공 (細孔) 구조를 갖는 탄소 재료의 조제, 또는 새로운 유리 모양 탄소 재료의 개발 등을 들 수 있다(〈그림 7-9〉 참조).

많은 연구원들은 오랜 세월에 걸쳐 지금까지 탄소 재료를 연구해 왔다. 그럼에도 불구하고 아직도 탄소 재료의 전체 상은 명확하게 밝혀지지 않았다. 아니 밝혀지기는커녕 이 분야는 더욱 확대되어 그 윤곽조차 오히려 불명확하다. 탄소 재료는 그만큼 깊이가 있고, 폭이 넓은 불가사의한 재료이다. 에너지 문제와의 관련도 앞으로 더욱 밀접하면 했지 결코 소원하게 되지는 않을 것이다(〈그림 7-10〉 참조).

〈그림 7-10〉 앞으로도 에너지 문제와 환경 문제 해결 등에 힘을 발휘할 것으로 기대되는 탄소 재료

찾·아·보·기

편저자 소개

윤창주

- 고려대학교 화학과 및 대학원 졸
- 독일 칼스루헤대학교 이학박사
- 전공 : 분자설계 및 계산과학, 자기공명분광학
- 카톨릭대학교 화학과 교수 및 이공대학장
- 대한화학회 부회장, 한국자기공명학회 회장
- 카톨릭대학교 명예교수

정해상

- 출판·과학 저술인
- 월간 「전기기술」 편집·발행인 (1964~1984)
- 과학기술도서협의회 회장 (1982~1986)
- 한국과학기술매체협회 회장 (1987)
- 그린에너지연구회 간사

탄소재료의 힘

2011년 7월 15일 1판1쇄
2021년 4월 15일 1판2쇄

편저자 : 윤창주 · 정해상
펴낸이 : 이정일

펴낸곳 : 도서출판 **일진사**
www.iljinsa.com

(우) 04317 서울시 용산구 효창원로 64길 6
전화 : 704-1616 / 팩스 : 715-3536
등록 : 제1979-000009호 (1979.4.2)

값 15,000 원

ISBN : 978-89-429-1246-9